［2015年版対応］

活き活き

ISO 9001
日常業務から見た有効活用

国府 保周 著

日本規格協会

はじめに

　ISO 9001への取組みが日本で本格的に始まってから，四半世紀が過ぎました．ISO 9001というと，何か，ものすごく堅苦しいことのように聞こえます．もしかすると"特定の関係者だけが行う活動"と捉えている方もいるかもしれません．しかし，品質は偶然に得られるものではなく，組織全体が協力し合うことで，初めて得られます．つまり，品質の確保は，私たちの普段の仕事そのものであり，ビジネスの主要部分を占めていると言えます．

　これから順次お話していく内容は，決して学問でもありませんし，高尚な理想論や解釈を並べるものでもありません．ISO 9001が，いかに私たちに身近なものであるか，そして自分自身が品質マネジメントシステムの中で，どのような役割を果たすべきかを，本書を通じて，ぜひ理解してください．

2016年6月

　　　　　　　　　　　　　　　　　　国府　保周

目　次

はじめに

第1章　組織の中のマネジメントシステム 7
第2章　やるべきことをシステムとして捉える 29
第3章　ISO 9001とは？ 51
第4章　品質確保は全員で取り組む 73
第5章　組織内のルールを理解する 95
第6章　経営者はどう見ているか 117
第7章　なぜ認証を取得するか？ 139
第8章　普段から自分が気を付けること 161

あとがき

第1章
組織の中のマネジメントシステム

　私たちは，組織の中で仕事を行っています．組織全体がうまく機能するためには，"マネジメントシステム"が重要な役割を果します．ここでは"組織の中のマネジメントシステム"について，その全体像を捉えていきます．

1.1 組織立った仕事

＜組織で取り組むからこそ力を発揮＞

マネジメントの基本は，いかに各人が力を発揮できるようにするか，やる気を出させるかに帰着します．人があっての組織であり，マネジメントです．

第 1 章　組織の中のマネジメントシステム

(1)　個人の力をフルに発揮

　私たちは，日々，もてる力をフルに発揮していると思います．"昨日は遅くまで残業したし""風邪気味かな""ちょっと家族のことが心配で"などと言いながらも，やはり常にベストを尽くしていることでしょう．

(2)　各人が協力することで増強

　組織は，いわば"人の集まり"です．単に，一人ひとりがベストを尽くしているだけでなく，関係する人々は，しっかりと協力し合っていることでしょう．各人が協力することによって，もてる力はさらに強まってくる，そうです，これが"組織"なのです．

(3)　組織全体が集結することで大きなパワーとなる

　組織としての活動の基本は，全員参加にあります．組織全体を結束させることで，大きなパワーを発揮することが可能となります．逆に"組織全体をうまく結束できないと，大きなパワーが生み出せない"とも言えます．

　マネジメントシステムの基本は人であり，組織力です．組織の各人が，一緒になって取り組む意欲をもてるようにするために，マネジメントの立場の者は，いわば"プロモーション"していきます．

1.2 組織の形態

<組織図・役割分担>

人が集まれば,組織になります.こうした組織が,全体として機能的に動くようになるために,各組織でさまざまな工夫をしています.

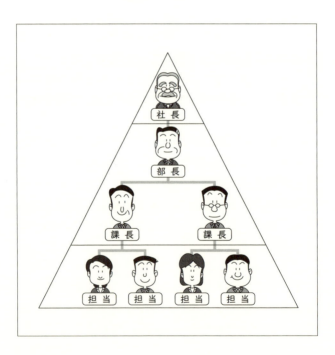

第1章　組織の中のマネジメントシステム

(1) 各人の役割

組織が,全体として力を発揮できるように活動していくには,組織の中で働くそれぞれの人たちに,何らかの役割を担ってもらっています.

(2) 部門ごとの役割分担

組織を構成する人数が少なければ,いま誰が何を行っているかを,責任者は容易に掌握できます.構成する人数が多くなるにつれて,組織がうまく動くようにするために,仕事の機能ごとに区切り,部門を設け,役割を分担させることが必要となります.

(3) 組織の階層（管理職など）

ある部門がスムーズに動けるようにするには,部長や課長などの階層を設けて,部門内を適切に指示・管理できるようにしていくのが一般的です.これがマネジメントの基本ユニットであり,部門と階層を組み合わせて,組織全体として整合するように構成していきます.

(4) 組織図（相互関係を含む）

マネジメントシステムでは,部門間や階層間の相互関係を明確にしたうえで,こうした関係を目に見える形にするために,"組織図"として表していくことが多くあります.

1.3 責任と権限

<やるべきこと・やってよいことは何か>

責任と権限は，それぞれの人がもっています．いざというときに混乱させることなく，業務をスムーズに進めるには，責任と権限の明確化が不可欠です．

第1章　組織の中のマネジメントシステム

(1) 部門内の職制ごとの責任と権限の明確化

組織立った活動を行うには，責任と権限が明確になっていることが前提条件です．特に，権限が明確になっていないと，判断も指示もできません．

(2) 各人の責任と権限の明確化

一方，業務を担当する各人についても，責任と権限を明確化していきます．たとえば，製造のある段階を担当する人の場合，できあがりが良好であることを自分で判断して，次の段階に進めていくことがあります．このような場合，個人レベルの責任と権限が存在しますので，これを明確にしていきます．

(3) 各人に確実に伝達

自分の責任と権限を本人がわかっていないと，仕事はうまく回りません．個人の責任と権限は，文書に書いて本人に伝えても，部門の責任者から当事者に直接説明して，理解させても構いません．確実に本人に伝えることが重要です．

(4) 上司の責任と権限も理解

日常業務では誰の承認を得るかを知っていないと書類を回せません．一方，新しいことに取り組む場合，誰の了解が必要かわからないと困りますので，品質マニュアルや社内規則などで明確にします．

1.4 関係者間の協力

＜関係者の連係プレーで仕事は成立＞

組織での仕事は，通常，個人が単発で活動するのではなく，システムとして動くことにほかなりません．組織力は，連係プレーが支えています．

第1章　組織の中のマネジメントシステム

(1) 前工程・後工程

組織で仕事をすると，多くの人たちが関わりをもつことになります．仕事の流れを，フロー図などの絵に描いてみると，誰と誰とがどのように関係するかがよくわかります．

(2) 単一の部門で完結する仕事だけではない

仕事を行ううえでの関係者は，単一の部門の中に存在するだけでなく，複数の部門にわたって存在することも，しばしばあります．部門間の連携をうまく進めるにも，やはり，1.3で紹介した責任と権限を明らかにすることが，必要となります．

(3) 新規事項や突発事項では関係者の協力が重要

ただし，新しい仕事や突発的な出来事に対応しなければならない場面では，必ずしも責任と権限が事前に明確化されているとは限りません．このような場合は，臨時の責任と権限を誰が指定するかということを，あらかじめ決めておくことになります．

(4) プロジェクト形態での取組み

プロジェクト形態で仕事を進めるケースでは，プロジェクトごとに，責任者やメンバーを指定し，各人の役割を明らかにして，そのプロジェクトが秩序立って運用できるようにしていきます．

1.5　情報の伝達

<コミュニケーションが協力の要(かなめ)>

話を伝えずに，物事の進展はありません．一方通行に陥らず，双方向で情報交換し，一緒に考えるきっかけを作ることが大切です．

第 1 章　組織の中のマネジメントシステム

(1) 日常的な指示・連絡

コミュニケーションは，仕事を円滑に進めるための手段です．生産計画の伝達や，朝礼での指示などは，日常的なコミュニケーションの典型です．電話・メール・日勤と夜勤の申し送りなど，さまざまな方法で情報を伝達します．

(2) 情報の共有化

情報には，"共有化"という形態でのコミュニケーションもあり得ます．ISO 9001 では，特に"品質マネジメントシステムの有効性に関する情報交換"について着目して，業務の工夫につながることを意識しています．

(3) 緊急情報の伝達

緊急事態が発生した場合，判断者に，早急に伝える必要があります．これは，先ほど説明した"責任と権限"と密接に関わりますが，その情報を誰に伝えるかを，正しく認識している必要があります．

(4) 手段・方法は適切なものを指定・選択

コミュニケーションの手段は，左の図にあるもの以外にもさまざまあります．状況に応じて適切な手段を選べるようにしておくことも，マネジメントシステムを構築するうえでの一つの重要な要素です．

1.6 判断・決断

＜方向性を示す・指示を出す＞

品質に限らず，マネジメントを適切に行うには，方向性の提示や，解決策の示唆も重要です．そのためには，普段から組織内の風通しをよくしておきます．

第1章　組織の中のマネジメントシステム

(1) 判断・決断には情報が必要

必要な情報が届かなければ，判断や決断はできません．詳細は第6章でも述べますが，判断・決断する人が必要な情報をタイムリーに得ることは，適切な指示を出すために不可欠な要素です．

(2) 判断・決断はマネジメントの重要要素

組織として活動を行うときに，順調な場合よりも，順調でない場合の方が，判断・決断を求められるケースが多くなります．どの方向を目指していくのか，何を行うことにするのかなど，組織全体や特定の部門が進む道を決定する場面は，マネジメントの中で，最も重要な要素であると言えます．

(3) 方向性の提示・具体的な指示

判断・決断する内容によっては，大きな方向性を提示する場合もあれば，具体的な指示を出す場合もあります．これは，扱う内容や指示を受ける人の能力や性質によって，違いが出てきます．そのことを見極めるのも，マネジメントだと言えます．

(4) 判断・決断結果の伝達

判断・決断した結果は，関連する人に的確に伝わらないと活きません．"コミュニケーション"と"判断・決断"には，密接な関係があります．

1.7 組織としての整合

＜ ISO 9001 を活用して整合させる＞

組織には，必ず，仕事の仕組みが存在します．部分部分を積み重ね，全体として整合をとるうえで，ISO 9001 は，格好のツールです．

第1章　組織の中のマネジメントシステム

(1) マネジメントシステム…当たり前のことの集大成

ここまでの説明は，組織の基本であり，常識的なことばかりです．マネジメントシステムとは，"当たり前のことの集大成"と言ってもよいでしょう．

(2) 組織として円滑に動けるようにすることが目的

マネジメントシステムの最大の目的は，組織が円滑に機能することです．そのため，マネジメントシステムの中では，いくつかのルールを定めますが，この"組織が円滑に機能する"という目的を踏み外すことがないように注意して，組織として有効で意義のあるものとしていくことが重要です．

(3) ISO 9001 はマネジメントシステムの規格

本書の主題である ISO 9001 は，"品質に関するマネジメントシステム"を扱う規格です．マネジメントの観点から不可欠な要素を，要求事項という形で整理・収集してあります．

(4) ISO 9001 をベースにすると整理しやすい

組織がもっている要素を，全体が整合した品質マネジメントシステムとするには，何か規範となるものがあると，進めやすくなります．つまり ISO 9001 をベースにすると，品質マネジメントシステムを，体系的に整理しやすいと言えます．

1.8 マネジメントのシステム

＜さまざまな要素を一貫したシステムに＞

マネジメントシステムは，人が適切に動き，物が円滑に流れ，意図する成果を確実に出し，ビジネスとして成り立たせるための仕組みです．

- ポリシー（考え方の基本）
- 業務の大きな流れ
- 組織形態・責任・権限・役割分担
- 情報伝達ルートの設定
- 個別ルールの設定
- ヒト・モノ・カネ・情報・技術
- PDCA（計画－実行－確認－対策）

第1章　組織の中のマネジメントシステム

(1)　マネジメントシステムに関わる各種要素

　マネジメントに関連する要素には，ここまでに説明してきた内容や，左の図に示しているものに限らず，さまざまなものがあります．品質マネジメントシステムを活きたものとするためには，自分たちにどのような要素が必要かを，十分に考えておくことが基本です．

(2)　関連する要素を一貫性をもたせて確立

　"はじめに"でも述べたように，"品質は普段の仕事そのもの"であると言えます．活動に関わる各種の要素を，一貫性をもたせながら，整理・確立していくと，組織が歩んでいくべき道筋・方向性がわかり，しかも，それらルールを決めた背景や理由なども明確になり，体系立った活動が行えます．

(3)　運用を想定して制定

　社内ルールを定める場合には，単に理想像や概念を示すだけでなく，どのように運用するかを想定しておくことも，忘れてはなりません．机上の空論ばかりの頭でっかちなルールでは，人は動きません．

　さまざまな場面で具体的にどうするかをよく考えておくことが，現実に即したルールの原点であり，組織として意義のある品質マネジメントシステムにするうえでの鉄則であると言えます．

1.9 マネジメントシステム規格群

＜各種規格が順次制定＞

マネジメントシステムは，組織が活動を行ううえでの基本であり，原点であることから，個別にテーマごとの規格が，次第に生まれてきました．

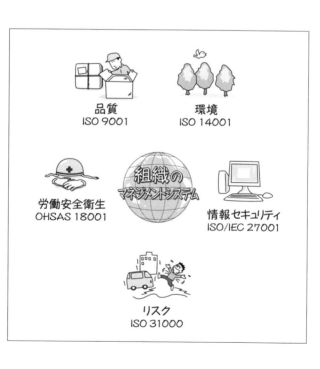

第1章 組織の中のマネジメントシステム

(1) ISOではマネジメントシステム規格を検討

ISOは，従来は工業製品などの互換性に関する規格が主体でしたが，1987年にISO 9000シリーズの第1版を発行して以来，マネジメントシステム規格の制定に力を注いできています．

(2) 現時点で制定済みのマネジメントシステム規格

左の図は，現時点で制定されている，主なマネジメントシステム規格です．中には，労働安全衛生を扱うOHSAS 18001のように，ISOで審議したものの時期尚早となり，ISO以外の機関が作成・制定したものもあります．

(3) 個々の規格の違いは扱う内容の違い

個々の規格が扱っている内容は異なります．しかし，いずれもマネジメントシステム規格であり，規格としての基本的な考えは，共通しています．

(4) 事業継続など特定内容の規格もある

左の図で紹介した規格以外にも，事業継続など，特定の要素に絞ったものや，自動車産業向けなど，特定の産業分野に特化したものもあります．

"マネジメントシステム"は，組織の活動の基本です．組織に必要な事項を確実に行うための秘訣であるので，今後も増えることが予想されます．

1.10 一貫したマネジメントシステムに

＜一つの組織にマネジメントシステムは一つ＞

ミクロ的な個別対応に気を配りすぎると，枝葉ばかりが先に立ち，システム同士が"ケンカ"を始めます．一貫性をもたせることが肝要です．

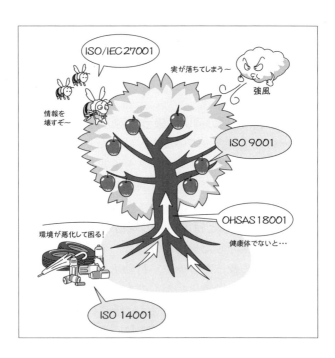

第1章　組織の中のマネジメントシステム

(1) 規格が増えるとマネジメントシステムが増える?

1.9で紹介したように,マネジメントシステム規格が増えてきました.ということは,こうした規格すべてに対応するならば,一つの組織の中には,マネジメントシステムが,規格の数だけ必要になるのでしょうか.答えは"ノー"です.

(2) 一つの組織にマネジメントシステムは一つ

一つの組織が一貫した活動を行うためのマネジメントシステムは,一つです.そうでなければ,組織の中は,大混乱になってしまいます.1.9でも述べましたが,もともとこれらの規格は,扱っているテーマが異なっているだけであり,マネジメントシステムの概念に,違いがある訳ではありません.

(3) トータル的に捉えて有機的に整合

いくつかの規格に対応するとしても,基本となる"幹"は,もちろん1本です.確かに個々の規格で扱うテーマは異なっていますから,個別事象に違いは生じます.しかしそれらの事象は,結局のところ関連性があります.

したがって,それらを総合的に捉えて,一貫性をもたせ,まとまりのあるマネジメントシステムとしていくことが,非常に重要です.

第2章
やるべきことをシステムとして捉える

仕事の仕組みに対する考え方を固めて，ルールを制定し，運用していくための基本的な事項を，順を追って説明していきます．

2.1 仕事を行うために必要な要素

＜さまざまな顔つきをした登場人物たち＞

私たちが日々の仕事を行うには，どのような要素が関わってくるのでしょうか．自分たちが実行してきたことを，あらためて整理してみましょう．

第2章 やるべきことをシステムとして捉える

(1) 仕事にはさまざまな要素が関連

仕事を行うと，さまざまな要素が関わっていることに気づくと思います．左の図は，日々の仕事の中で，関わることが多そうな事柄を，いくつか書き出したものです．しかし，実際には，今日は何をするか，どのような順序で仕事をしていくか，何を使って仕事を進めるかなどを考えて整理してみると，これ以外にも，多くの事柄が関係していることに気づくことでしょう．

(2) なぜこの方法なのか

いま行おうとしている仕事では，なぜこのような方法をとるのでしょうか．

私たちは，どうすればうまくいくのかを，長年の経験で知っています．また，初めて取り組む仕事では，着手段階や実施初期の段階で，何度も試行錯誤を重ねたうえで，上手な方法を確立していきます．

これらは，自分自身の財産であると同時に，後進への贈り物であるとも言えます．

(3) ISO 9001 は"物事に取り組む秘訣を規格として整理したもの"

ISO 9001 は，経験の積み重ねであり，それらを体系化したものです．ISO 9001 は，"物事に取り組む秘訣を規格として整理したもの"と言えます．

2.2 個々の仕事はなぜうまくいくか？

＜組織には必ず仕組みがある＞

仕事の仕組みのない組織はありません．そうでなければ，そもそも仕事はできません．これが品質マネジメントシステムの根本です．

第2章 やるべきことをシステムとして捉える

(1) これまで仕事ができていた

組織には，必ず仕組みがあります．これまでも，毎日仕事を続けてきた訳ですから．

(2) うまくいく仕組みが必ず存在

ということは，うまくいくための仕組みは，いまの段階で，すでに存在していることになります．

(3) この秘訣を前面に出す

組織で品質マネジメントシステムを構築・運用していく際に，この秘訣を目に見える形にすればよいのです．ISO 9001というと，何か特別なことをやる必要があるのではないかとか，堅苦しい管理が必要なのではないかと思う人もいますが，そうではありません．普段からやっていることを目に見える形にする，つまり"なぜこのやり方でうまくいくのか"をまとめればよいということになります．

逆に，これまでうまくいった秘訣を捨て去って，"審査を受けるためだけの，実態にそぐわないテクニックばかりを駆使する"と，たいてい，うまくきません．なぜならば，組織の中の人の肌に合わないからです．しかし，抜本的な改革が必要となることもあるでしょう．そのような場合には，新たな"うまくいく秘訣"を，あらためて決めればよいのです．

2.3 業務をプロセスとして捉える

＜段階ごとにうまくいく秘訣を明確化＞

"総合的なマネジメントシステム"といっても，結局は，段階ごとの確実化の積み重ねです．これが"プロセスアプローチ"の原点です．

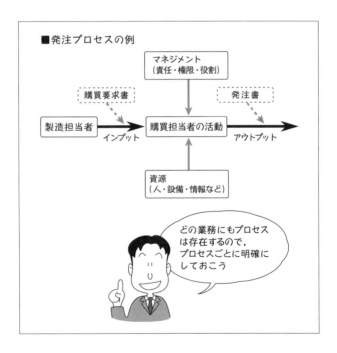

第2章 やるべきことをシステムとして捉える

(1) 活動がうまくいくには

個々の段階ごとの活動を，ISO 9001では"プロセス"と呼んでいます．たとえば，発注プロセスは，左の図のようになります．"購買担当者"の行う内容が，このプロセスでの実施事項や管理事項です．

このプロセス中で購買担当者が行う活動には，仕様の確認，見積依頼，業者の選定など多数あり，確実に実施できる方法を設定し，実施します．

(2) インプットとアウトプット

購買担当者には，製造担当者から"購買要求書"が届き，それをもとに自分の業務を行って，発注書として表します．これら"入りと出"が，インプットとアウトプットにあたります．

(3) マネジメント（責任・権限・役割）が引き金

この購買担当者が自分自身で仕事を完結させることができるのは，マネジメントの一要素である"権限"が，購買担当者に与えられているからです．そのためには，もちろん"責任"もついて回ります．

(4) 資源（人・設備・情報など）が支える

当然ながら，購買担当者は，この仕事を的確にできる人でなければなりません．その裏づけは，教育訓練であったり，経験や技量であったりします．

2.4 プロセスとプロセスとのつながり

＜プロセスネットワーク＞

業務には，つながりがあります．それらが，うまくつながって，整合した状態でないと，業務はスムーズに流れません．

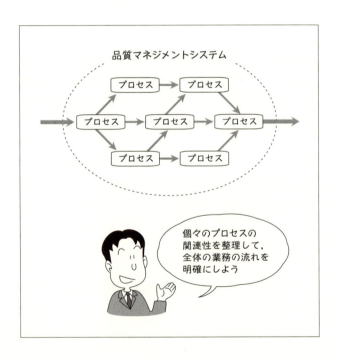

第2章　やるべきことをシステムとして捉える

(1) 仕事には関連性がある

　実際の仕事は，2.3の図のような，たった一つの段階から成り立っているものではありません．仕事や活動，つまりプロセスには，上流・下流とのつながりがあり，それらが密接に関連して，成り立っています．

　こうしたつながりは，単純に1本の線で直列的に結べるものばかりではなく，分岐したり統合したり，場合によっては，往き戻りしながら進展させていったりします．

(2) プロセスの内容・順序・相互関係を明確に

　組織でルールを固める際には，2.3の図にある段階ごとの"個々のプロセス"をどのように管理していくかといった"内容"だけでなく，プロセス同士の順序や相互関係も，明確にしていく必要があります（といっても，これらを図に示さなければならないというものではありませんが…）．

(3) 全体として整合をとる

　組織が，秩序立って仕事を行えるようにするには，これらのプロセス同士を積み重ねて，全体として整合がとれるようにしなければなりません．このようにして全体像を整理・統一化したものが，本書のテーマである"品質マネジメントシステム"です．

2.5 組織全体で整合させる

＜間接業務も含めて一つのシステムに＞

ここでいう"プロセス"は，製造やサービス提供を扱う"直接業務"ばかりを思い浮かべがちですが，間接業務にも"プロセス"はあります．

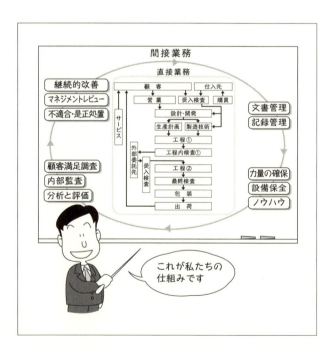

第2章 やるべきことをシステムとして捉える

(1) 日々実行する直接業務

2.4での内容を,具体的な業務を想定しながら模式的に表すと,たとえば左の図のように表せます.

製品の製造やサービスの提供は,日々の実施事項であり,製品やサービスの品質に直接影響することから,よく"直接業務"と言います.品質確保の点では,いずれもその中心的な役割であることから,これを真ん中に描いてみます.

(2) 周辺を取り巻く間接業務

組織の活動は,必ずしもそれだけでは成り立ちません.それらを支えたり,状況を把握したり,将来に向けた対応など,その周辺には,いわゆる"間接業務"があり,"直接業務"を補っています.

(3) 工夫してよくする

問題が生じたならば,再発防止策を講じます.また問題がなくても,先手を打つための積極的な改善もあります.こうしてこれらを積み重ねることで,さらに良いシステムにしていきます.

(4) すべてが整って一貫したシステムに

こうしたすべての要素がそろって,順調に回るようになったものが,本書の主題である"品質マネジメントシステム"なのです.

2.6　目的は何か，なぜ行うか

＜個々のルールには決めた理由がある＞

理由もわからないことを指示されると，人は"やらされている"と思います．逆に，納得できると工夫の原動力になります．これも組織活動の原動力です．

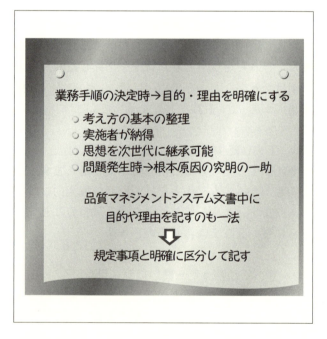

業務手順の決定時→目的・理由を明確にする

- 考え方の基本の整理
- 実施者が納得
- 思想を次世代に継承可能
- 問題発生時→根本/原因の究明の一助

品質マネジメントシステム文書中に
目的や理由を記すのも一法
⇩
規定事項と明確に区分して記す

第2章　やるべきことをシステムとして捉える

(1) 業務手順の決定時→目的・理由を明確にする

このように組織では，さまざまなルールを決めます．そのときに"なぜその方法に決めたか""そもそも目的は何か"を，明確にすることが重要です．

(2) 考え方の基本の整理

目的・理由を明確にすることで，考え方の基本を整理でき，実施者が納得できます．逆に目的や理由がわからないと，担当者には，どうしても"やらされている"という気持ちが先に立ちます．しかし目的や理由がわかれば"なるほど，これはやる必要があるな"と思って，それを続けられるでしょう．

こうした目的・理由は，いわば組織としての思想であり，次世代に引き継ぎたい内容です．

(3) 品質マネジメントシステム文書中に目的や理由を記すのも一法

目的・理由は，決めた本人でさえも，忘れてしまいがちです．できれば文書に表して，後からわかるようにしておきたいものです．

(4) 規定事項と理由を明確に区別して記す

もっとも，文書に書き表すときに，"必ず守ること"と"その理由"とは，明確に区別して記しておかないと，それを読む人が混乱します．

2.7 具体的なルールを明確にする

＜何を明らかにしておくか＞

ルールの内容を明らかにして，行動に移せるようにします．特に実際に携わる人が理解できることが重要で，明快な言葉で表現していきます．

第2章　やるべきことをシステムとして捉える

(1) ルールとして基本的に明確にするべきこと

明確化するべきことには，①業務への入りと出，②誰が行うかや誰に報告するか，③判断基準（懸念事項の提示や方向性の示唆も可）などがあります．

(2) ルールの統一はどの範囲まで必要か

具体的なルールは，どこまで詳しく決めればよいのでしょうか．実際，細かい手続きは，前提条件によって異なることもあり得ます．ルールを統一しなければならない部分もあれば，ある程度の自由度をもたせた方がよい部分もあります．ルールを統一するには，それらを，よく考える必要があります．

(3) 実行可能か，意義はあるか，曖昧ではないか

ルールは，実行可能なものでなければなりません．細かく決めすぎると，がんじがらめになってしまいます．鉄則は，2.6で説明した"目的・理由は必ず明確にしておく"．そうすることで，方向性に違いが生まれず，意義のあるルールとなります．

(4) どのように示すと実施者に伝わるか

実施者に，どのように伝えるかもポイントです．"書いて伝えるか，覚えてもらうか"も，ルールを制定していくときに，併せて考えます．

2.8 決めたことを忘れないようにするために

＜文書化のメリット＞

"ISO 9001 は文書化"というイメージがあるかもしれません．しかし文書化でも，目的や意義を考えて，それをもとに，必要性を考えます．

第2章　やるべきことをシステムとして捉える

(1) 文書化の採用は各組織に委ねられている

業務の実施者への伝え方として,"文書化"を選ぶことが多いと思います.ただし,ISO 9001で手順の文書化を要求しているのは,ごく一部の事項です.では,それ以外は文書化が不要かというと,組織の形態や業務の性格によって,そうとばかりは言い切れません.ISO 9001では,どこまで文書化するかを,各組織の判断に委ねています.

(2) 文書化のメリット

文書化は,何のために行うのでしょうか.最大の目的は"実施することを当事者に認識させること"です.また文書化すると,業務上の矛盾点や欠落点に気づいて,改善に結び付く効果も期待できます.

一方"いまその仕事を行っている人にとって文書は不要でも,後任者や次世代に継承するには文書化が必要"というケースもあります.このような場合,文書化は,いわば"仕事の引継ぎ資料を,いまのうちに用意している"と考えてもよいでしょう.

(3) 本当に必要な文書だけを文書化する

文書化には,このように多くのメリットがあります.しかし,その原則は"本当に必要な文書だけを文書化する"ことにあります.文書化についても,目的や意義を考えることが重要です.

2.9 どうすれば伝わるか

<ルールは伝わって初めて活きる>

"ルールを決めたが誰も知らない"という落とし穴に陥いることがあります．伝わらない，活用しないルールには，存在価値がないかもしれません．

第2章 やるべきことをシステムとして捉える

(1) 誰に伝えるか

ルールを明確化したら,"どうすれば実施者に伝わるか"を考えます. そのためには, まず"このルールを誰に伝えるか"を知ることが大切です.

(2) どのように伝えるか

2.10 で説明する伝え方に加えて, 伝達方法の選択も, ここでのポイントであると言えます."ルールブック"の配付, 説明会の開催もよいでしょう.

(3) 本当に伝わるか

いかに立派な内容を決めても, 肝心なことが伝わらないと何も始まりません. ルールの制定者と実施者との, 想いに差があることも多いです.

(4) やるべきときに実行できるか

伝えた内容を"やるべきときに実行できる"ようにすることも重要です."用紙中の実施項目"に含めれば普段から目にとまります."コンピュータの画面"に映し出されれば, 忘れないでしょう. 階段を歩いていて"頭上注意"の貼紙に気づけば, 気にとめながら歩くことでしょう.

"ルールは伝わって初めて活きる"ということは鉄則です. ルールを確実に伝えるには, 必ず伝えたい相手に気づかせるようにすることが大切です.

2.10 人の力量が支える

＜書いて示すか，覚えておくか＞

2.9で"ルールの伝え方"を考えましたが，それらは"書きもの"だけとは限りません．日常業務には，人の力量が支えているものも少なくありません．

第2章　やるべきことをシステムとして捉える

(1) 書いて示した方がよいもの

組織のルールには，書いて示した方がよいものも多いでしょう．しかし"書いて示す"は，すべてが"文章"とは限りません．完成見本や限度見本，写真やイラストなど，さまざまな形態があり得ます．

(2) 頭の中にたたき込む方がよいもの

伝えるべき内容によって"頭の中にたたき込んだ方がよい"，"体で覚えた方がよい"ものも，ずいぶんあります．現実には，普段から日常的に行っている仕事の大半は，当事者の頭の中に入っています．しかし，思い込みで失敗することもあり得ますし，年1回しか行わない仕事では，その業務の担当者でも，文書がないと思い出せないかもしれません．

(3) 判断できる人に任せる方がよいもの

管理層が行う仕事には，細かい手順を決められないものがあります．このような場合には，単に"誰が判断するか"だけを決めておき，その人に任せることもできます．そのような判断力をもつ人であるからこそ，管理職となっているのですから．

仕事は，人の力量が支えるということもあります．確実に仕事をできるようにするということは，2.9で説明した文書化と，ここで説明している力量との，バランスの上に立っているとも言えます．

第3章
ISO 9001とは？

ISO 9001の各箇条の要求事項の趣旨や主要事項などを紹介して，ISO 9001が何を扱っていて，何を目指しているかなど，規格の特色を学んでいきます．

> ' 'の中の数字はISO 9001の箇条番号を示します．

3.1 '序文' '1 適用範囲' '2 引用規格' '3 用語及び定義'

＜規格要求事項の前提条件＞

序文から用語及び定義までは，ISO 9001 の基本的な事項を扱います．ぜひ一読して，これらについても知っておきましょう．

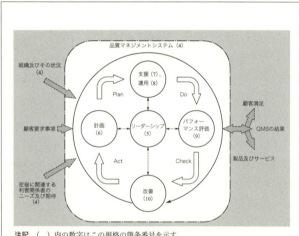

注記　（　）内の数字はこの規格の箇条番号を示す．

図 2－PDCA サイクルを使った，この規格の構造の説明

（出典　ISO 9001:2015）

第3章 ISO 9001とは？

(1) ISO 9001は品質マネジメントシステムの規格

ISO 9001は"品質をマネジメントするシステム"の規格です．組織全体を動かす仕組みを意味します．

(2) 七つの原則は"規格の設計図"

序文の'0.2'では，目指す方向性を，七つの原則に集約しています．いわば"規格の設計図"です．

(3) 章立ての全体像

ISO 9001は，意図した製品・サービスを確実に提供するための規格．①個々の活動がうまくいき，②活動と活動の乗り継ぎがうまくいき，③システム全体を整合させる．これがプロセスアプローチです．

それに加えて，"マネジメントシステム全体を，箇条6→箇条8→箇条9→箇条10から成るPDCAで稼働させ，箇条4を前提に，箇条7で支えて，箇条5で引っ張る．個別事項の検討時には，リスクに基づく考え方と機会の観点から計画する"．

ISO 9001の全体構成は，こうしたストーリーに沿った章立てとなっています．

(4) ISO 9000は要求事項の一部

ISO 9001はISO 9000を引用し，"この規格の規定の一部を構成する"としています．つまり，ISO 9000を併せて読むことは必須であると言えます．

3.2 '4 組織の状況'

<品質マネジメントシステムの基本線>

組織が置かれている状況を捉え，それをもとに品質マネジメントシステムを構築・運営する．'4'は，品質マネジメントシステムの前提条件を扱います．

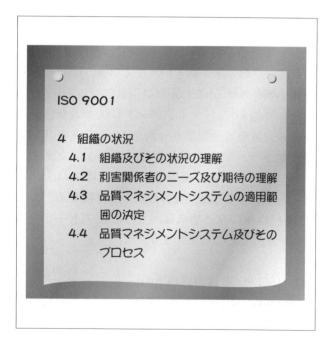

ISO 9001

4 組織の状況
  4.1 組織及びその状況の理解
  4.2 利害関係者のニーズ及び期待の理解
  4.3 品質マネジメントシステムの適用範囲の決定
  4.4 品質マネジメントシステム及びそのプロセス

第3章　ISO 9001とは？

(1) 組織内外の課題 ['4.1']

ビジネスを拡大したいが，設備能力が不足，若手人材が集まらない，技術導入が必要など，何らかの課題を抱えているものです．事業計画を立てる際や，経営会議などで課題への対応を検討します．

(2) 組織を取り巻く事項 ['4.2']

顧客の要求事項に応えることはビジネスの基本．利害関係者は顧客に限りません．誰の声を聞くか，その人たちが何を語り，期待しているかを知り，対応するか否かを決めることから，物事が始まります．

(3) 品質マネジメントシステムの境界 ['4.3']

品質マネジメントシステムは，所定の製品・サービスを確実に提供するためのツール．組織の製品やサービス，事業所，部門，活動をどの範囲まで品質マネジメントシステム内に含めるかは，(1)の課題，(2)の要求事項などで，おのずと決まります．

(4) ISO 9001の要求事項のエッセンス ['4.4']

'4.4' は，ISO 9001の要求事項のエッセンスです．品質マネジメントシステムの確立をはじめ，個々のプロセスが備える事項を規定しています．

'4.4.1' の a)～h) はプロセスアプローチの要素集．こうした概念をもとにシステム的に取り組みます．

3.3 '5 リーダーシップ'

＜経営者に課せられた役割＞

表題どおり，品質マネジメントシステムをけん引する機能．経営者の熱い想いが組織を動かします．組織体制を築くことで，運営管理の基礎を成します．

ISO 9001

5　リーダーシップ
　5.1　リーダーシップ及びコミットメント
　5.2　方針
　5.3　組織の役割，責任及び権限

第 3 章　ISO 9001 とは？

(1) 経営者の意思表明とけん引力 ['5.1']

　経営者は，品質マネジメントシステムの総括責任者として，ビジネスから遊離した活動とならないように，各管理層が役割を発揮するための後ろ盾となるために，さまざまな役割を果たします．経営者のもつ"熱い想い"を語り，関係者に伝え，人を動かすことも，マネジメントのポイントです．

　'5.1' は，'4.1, 4.2' などと同様に，概念を扱う要求事項です．"この要求事項のために何を行うか"の観点でなく，これらの要求事項の趣旨を捉えて，それに沿った行動となっていることが大切です．

(2) 組織のポリシー ['5.2']

　品質方針は，組織の"ポリシー"です．経営者が何を狙って，どの方向に進めようとしているかを，従業員全員が理解して行動に活かせる状態にあることは，大切です．これらについては，第 8 章で，あらためて説明します．

(3) 組織の役割分担 ['5.3']

　第 1 章でも記しましたが，組織のマネジメントを確実に行うには，各部門や各人の担う役割を明確にする，中でも責任と権限を明確にすることが重要です．責任と権限が明確になって初めて，活動全体をスムーズに動かすことが可能となります．

3.4 '6 計画'

＜取組みの内容を設定＞

計画はPDCAのPです．品質マネジメントシステムの内容を設定します．リスクと機会を明らかにし，目標を定めて取り組みます．

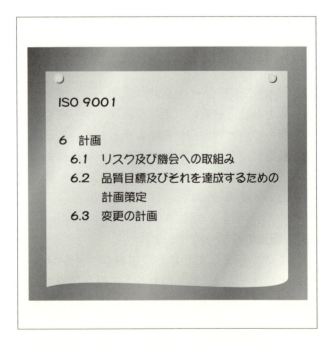

ISO 9001

6 計画
 6.1 リスク及び機会への取組み
 6.2 品質目標及びそれを達成するための計画策定
 6.3 変更の計画

第3章 ISO 9001とは？

(1) リスクへの対応 ['6.1']

ISO 9000のリスクの定義は"不確かさの影響"．ビジネスに予測外れはつきもの．最も気にするのは，好ましくない方向への予測外れが圧倒的．

自分たちがリスクをどう捉えるかを明らかにし，対応が必要ならば，ルールに組み入れて対応します．

(2) 機会の活用 ['6.1']

せっかくの機会は活かしたい．機会を活用するとリスクを伴う．リスクに取り組むうちに新たな機会に気づく．両者のバランスをとりながら，進む道を見いだして示すこともマネジメントです．

(3) 狙いを定めて推進 ['6.2']

品質目標は，いわば"取組みテーマ"．日常管理から一歩踏み込んだ"頑張ろうね"特集．テーマによって，どのプロジェクトや，委員会，プロセス，製品で取り組むかなど，取組みの形態や規模を指定して推進します．数字で表せないテーマでは，"どういう状態になれば達成"かを示すのが現実的です．

(4) 変更時の留意 ['6.3']

変更する際には，リスクも伴えば機会も伴います．とはいえ，仕事が滞ったり，うまく続かなかったりしては困ります．ここでの留意が必要です．

3.5 '7 支援' ①

＜品質マネジメントシステムの下支え①＞

よく"ヒト・モノ・カネ"と言います．システムやプロセスは，根性だけでは，うまく機能しません．必要な資源の確保と運用が，それらを支えます．

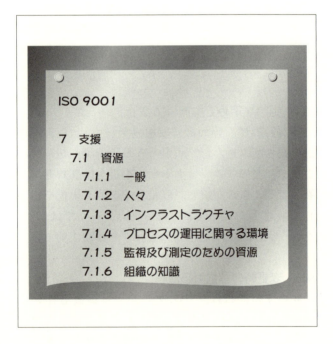

ISO 9001

7 支援
　7.1 資源
　　7.1.1 一般
　　7.1.2 人々
　　7.1.3 インフラストラクチャ
　　7.1.4 プロセスの運用に関する環境
　　7.1.5 監視及び測定のための資源
　　7.1.6 組織の知識

第3章 ISO 9001とは？

(1) 資源の確保 ['7.1.1, 7.1.2']

2.3で紹介した"プロセスの概念図"を思い出してください．プロセスが適切に機能するのを，下から支えているのが，この"資源"です．

(2) インフラと業務環境 ['7.1.3, 7.1.4']

適切な設備が使える状態になっているか，作業スペースの広さは十分か，温度や明るさなどは適切かなど，仕事に必要なインフラと環境の確保と整備も重要なポイントです．設備のメンテナンスやスペアパーツの確保なども，ここに含まれます．

(3) 監視・測定のツール ['7.1.5']

長さを測る，反応時間を測る，味見する，映像でモニタするなど，さまざまな監視・測定があります．しかし装置が狂っていたら困ります．適切なツールを使用し，適切性を維持することが大切です．

(4) 固有技術とノウハウの蓄積と伝承 ['7.1.6']

固有技術やノウハウが探せないと大変です．よく図面や手順書などに載せますが，技術根拠や背景がわからないと応用し難いこともあります．体験することで初めて伝わることもあります．

固有技術やノウハウは組織の価値の生命線です．組織の将来のために，いまから手を打っておきます．

3.6 '7 支援' ②

＜品質マネジメントシステムの下支え②＞

組織は人の集合体．人の力量と認識，人と人との連携が組織運営の基本です．文書類や記録も，品質マネジメントシステムを下から支えます．

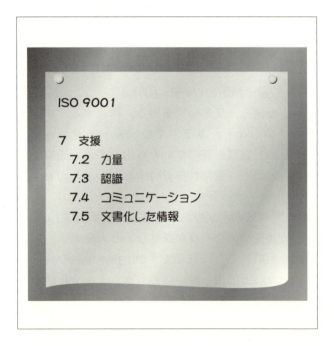

第3章　ISO 9001とは？

(1) 知識と技能の適用力 ['7.2']

　組織活動には常に人が介在します．工程を自動化しても，それらを総括的に管理するのは人間です．手作業の仕事ならば，担当する人のレベルで出来・不出来にずいぶん差が出ます．誰にどの仕事を担当させるかは，"誰がその仕事をできるか"で決まります．管理の主体は人の力量の確保と適切性です．人の力量が業務の確実性のポイントです．

(2) 本質や意義の理解 ['7.3']

　自分の担当業務の本質や意義を理解し，品質目標への取組みの価値を理解すると，意欲も増します．とはいえ，認識をもたせるのは難しいですね．

(3) 組織内外の情報交換 ['7.4']

　業務は関係者の連携で成り立ちます．所定の連絡はもちろん，順調でない場合の早期連絡も重要です．顧客，委託先，行政などとの情報交換の大切です．

(4) 文書化への要求 ['7.5']

　文書化しないと仕事に支障ありならば文書化が必要ですが，それ以外は，要否の判断に基づきます．
　文書類と記録の管理は，"必要なものを，必要なところで，誤ることなく使える"ことが基本です．管理の手順は，使い方をもとに設定します．

3.7 '8 運用' ①

<日々の業務を確実に遂行①>

"品質は工程で造りこむ"と言います．'8'は，品質確保のメインストリートです．ここでの良否が，成果を直接的に左右します．

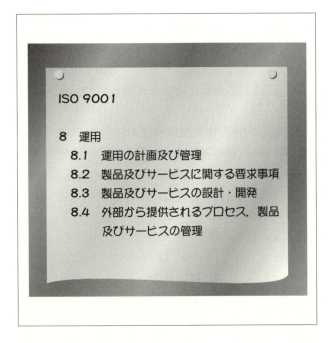

ISO 9001

8　運用
　8.1　運用の計画及び管理
　8.2　製品及びサービスに関する要求事項
　8.3　製品及びサービスの設計・開発
　8.4　外部から提供されるプロセス，製品及びサービスの管理

第 3 章　ISO 9001 とは？

(1) 作り方や進め方の設定 ['8.1']

'8' のトップバッターは，活動内容の設定です．受注，購買，製造，サービス提供，検査などの実施内容と文書や記録の形態を設定します．また変更時には，有害な影響を軽減する処置もとります．

(2) 製品やサービスに求められるもの ['8.2']

新たな顧客との接触は，自組織を知ってもらうことから始まります．消費者用の商品企画の立案や企業間取引での提案営業で話を詰め，製品やサービスの要求事項をレビューして確定させます．

(3) 製品やサービスの内容設定 ['8.3']

設計・開発は，要求事項を深めること．製造業に特有でなく，サービス業にも設計・開発はあります．たとえば，レストランで新作メニューを考えるのは設計・開発ですし，銀行で新しいサービス内容を考案するのも設計・開発です．

(4) 購買と外部委託 ['8.4']

原料や部品の購買，製造やサービス提供の委託，設備の購買などを扱います．購買・委託してよい相手であることを見極める，何をどこまで委ねてよい相手か，その際に自組織は，相手に対して何を行うかなど，対応が必要な事項はいろいろあります．

3.8 '8 運用' ②

＜日々の業務を確実に遂行②＞

確実に意図した製品やサービスを生産する．それらをチェックし，良いものを顧客に提供します．不具合が見つかったら，必要な手立てを講じます．

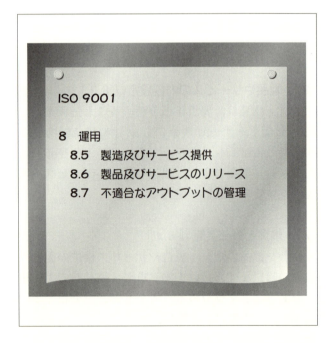

ISO 9001

8 運用
　8.5 製造及びサービス提供
　8.6 製品及びサービスのリリース
　8.7 不適合なアウトプットの管理

第3章 ISO 9001とは？

(1) 確実な製造とサービス提供 ['8.5']

　製造とサービス提供を"管理された状態で実行"することが命題です．実施内容や判断基準を定め，適切な設備や要員を示し，ヒューマンエラーを防ぐ．"品質は工程で造りこむ"を実践する場です．特に後から検証不可ならば，ここでの管理が生命線です．

　変更する必要が生じた場合，計画した変更ならば確実な管理で乗り越えられるでしょうが，意図外の変更では熟考して手を打つことも必要でしょう．

(2) 製造とサービス提供を取り巻く関連事項['8.5']

　(1)の周辺には，さまざまな注意事項があります．製品やサービスの誤用防止や状態の維持，借用物の損傷防止，付随活動の確実な遂行などがあります．

(3) 製品やサービスの適合の確認 ['8.6']

　顧客に提供する製品やサービスの検査や検証の場面，自信をもって顧客に提供するための関門です．確認結果と判定者が判明する記録を残します．

(4) 不適合な製品やサービスの処理 ['8.7']

　できてしまった不良品の現品をどう処理するか，サービス提供での失敗をどう処理するか．不適合の性質と影響度に応じた処置が'8.7'の命題です．不適合の状況などを記録して，将来に備えます．

3.9 '9 パフォーマンス評価'

<確認・掌握・熟考・工夫>

実行した成果は評価し，状況を見ながら対応します．評価の場面・方法などは，対象に応じたものを選び，業務改善と組織の成長に結び付けます．

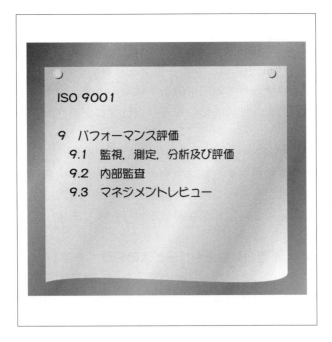

ISO 9001

9　パフォーマンス評価
　9.1　監視，測定，分析及び評価
　9.2　内部監査
　9.3　マネジメントレビュー

第 3 章　ISO 9001 とは？

(1)　状況の掌握　['9.1']

　組織では，さまざまな活動を行っていますが，それがいま，どのような状況になっているかを調査・掌握します．あまり良好でないか，工夫が必要な場合は，改善することになります．

(2)　分析から改善へ　['9.1']

　これまで行ってきた活動が適切だったのか，何か変えることはあるかなど，各種データの分析結果が，工夫の開始点で，これが，改善の推進役となります．このことは，第 4 章で説明します．

(3)　品質マネジメントシステムの適合性と有効性　['9.2']

　品質マネジメントシステムを，①決めたとおりに実施しているか，②決め方自体が有効か否かを調査します．これが内部監査です．
　内部監査は，組織の中の人たち同士で行うので，よそゆきでない，本音の話合いが可能です．同一部門内での監査を認めているのは，そのためです．

(4)　経営者による状況把握と指示　['9.3']

　経営者は，状況を把握したうえで，この先，組織が何に取り組むか，品質マネジメントシステムのどの部分を修正・強化するかを示します．マネジメントレビューの詳細は，第 6 章で説明します．

3.10 '10 改善'

＜将来に向けた取組み＞

問題状態の解消だけでなく，攻めの改善も狙います．本当に意味と意義のある有効な品質マネジメントシステムとするために，積極的に取り組みましょう．

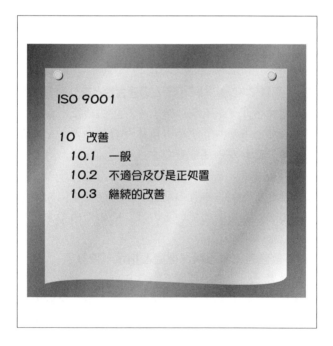

ISO 9001

10 改善
 10.1 一般
 10.2 不適合及び是正処置
 10.3 継続的改善

第3章　ISO 9001とは？

(1) さまざまなレベルの改善　['10.1']

　改善といっても，問題状態を解消すればよいもの，再発防止が必要なもの，改善を重ねるのがよいもの，従来とまったく別の切り口で捉えた方がよいものなど多様です．改善の規模や程度は，状況に見合っていることが重要です．

(2) 不具合に対する対応　['10.2']

　製品やサービスに影響するか否かにかかわらず，活動をしくじった，活動のルールが不適切，ルール全体が整合しないなど，不具合が見つかったならば，明らかにします．ここから物事が始まります．

(3) 再発の防止　['10.2']

　同じ問題を，繰り返したくありません．なぜ発生したか，類似の問題はほかにあるか，どうすれば再発しなくて済むか，その対策は続けられるか．ここが正念場ですね．

(4) 改善の先に改善がある　['10.3']

　今日の私たちは昨日の私たちに非ず．私たちは工夫を重ね，成長します．改善の先には，また別の改善があることでしょう．こうした努力が私たちの組織を強くし，知恵をもたらします．私たちの挑戦は，これからも続きます．

第4章
品質確保は全員で取り組む

品質を確保するために，日々どのような活動を行っているか，直接的な業務について，ビジネスの流れを中心に見ていくことにします．

4.1 品質とは

＜ ISO 9000 の "3.6.2 品質" での定義＞

本書のテーマは品質．しかしこの言葉には，多くの気持ちが込められています．まずは"品質とは何か"から考えていきましょう．

ISO 9000の "3.6.2　品質"

　対象に本来備わっている特性の集まりが，要求事項を満たす程度．

注記1　"品質"という用語は，悪い，良い，優れたなどの形容詞とともに使われることがある．

注記2　"本来備わっている"とは，"付与された"とは異なり，対象の中に存在していることを意味する．

第4章　品質確保は全員で取り組む

(1) 品質とは本質的なもの

"品質"とは何でしょうか．左の図のように，ISO 9000の"3.6.2"では"対象に本来備わっている特性の集まりが，要求事項を満たす程度"と定義しています．これは定義ですから表現は非常に堅いですが，じっくり噛みしめて読んでみると，それが本質を突いていることに気づきます．

この言葉の内容をよくよく考えてみると，単に，製品やサービスのことだけを言っている訳ではなさそうです．この言葉は，日本では伝統的に"品質"と表現していますが，しばしば業務品質や経営品質という言い方をされることも考えると，その意味を広く捉えて"質"という言葉に置き換えて読み取った方が，もしかすると，本来の狙いや趣旨に沿って理解できるかもしれません．

(2) 品質は偶然には生まれない

この"品質"は，どうすれば確保できるのでしょうか．品質は，決して偶然に生まれるものではありません．綿密に作戦を立てて，普段から真剣に遂行することで，初めて確保できるものなのではないでしょうか．

ISO 9001では，意図している"品質"を，いかにして確保していくかを，マネジメントの観点から捉えています．

4.2 お客様は何を望んでいるか

＜製品・サービスに関する要求事項の明確化＞

ビジネスは，お客様と波長が合うかどうかで，その成果にずいぶん違いが生じます．品質確保の原点は，"お客様を知る"ことにあります．

第4章　品質確保は全員で取り組む

(1) お客様は何を望んでいるか

　ビジネスは，製品が売れて，初めて成立します．つまり"お客様が何を望んでいるか"を知ることから始まります．しかしすべてのお客様が，技術用語で語ってくれるとは限りません．自組織内で共通理解できる表現に変換することも，時には必要です．

(2) 市場型製品と契約型製品

　製品は，通常，店頭などで一般販売するような"市場型製品"と，お客様から指定された仕様に基づいて製造する"契約型製品"とに区分されます．もちろん，サービスでも同様のことが言えます．

(3) 要求事項…お客様の指定と組織での設定

　製品に関する要求事項は，左の図のような要素から成り立っていますが，市場型と契約型とではこれらの比率が大幅に異なります．お客様の気持ちにうまく合うかどうかで，ビジネスの成否に差が出ます．

(4) 受　注

　お客様の気持ちを的確にくみ取って，それに見合うものを提供できるかが，受注に大きく影響します．それを表すものが，新商品プランであったり，提案書であったり，図面であったりします．もちろん，自分たちが対応可能であることが，大前提です．

4.3 製品・サービスを設計・開発する

<設計・開発>

新しいものの創出の場．自由な創出思考に束縛は禁物．しかし性能が出て目的・用途に合うことの確認は大切．ルールには，こんなメリハリも必要です．

第4章 品質確保は全員で取り組む

(1) 新たな製品やサービスを生み出す

設計・開発は,新たな製品を生み出すための活動です.サービス業でも,同じことが言えます.

(2) 要求事項を製品やサービスの特性に変換する

ISO 9000 では,設計・開発を"対象に対する要求事項を,その対象に対する,より詳細な要求事項に変換する一連のプロセス"と定義しています.レストランの新メニューであれば,使用する材料や食器,調理方法,盛り付け方などを指定し,お客様のし好,年齢層,価格,待ち時間,滞在時間,季節感や演出効果など,お客様のニーズと期待への適応策を固めます.

(3) 設計・開発内容を確認する

設計した内容は,その良し悪しを確認します.試作品を作ってデータをもとに判断することもあれば,図面を用いて検討したり,レストランの新メニューでは試食会で評価することもあり得ます.

(4) 設計・開発結果を明らかにして使えるようにする

設計を通じて決定した,製品やサービスに関する事項を明確にし,その後の製造やサービス提供に用いる形式にまとめます.もちろん,設計条件である各種要求事項を満たしていることが前提です.

4.4 生産方法を決める

＜どうすればうまくいくかを決める＞

"決められたとおりにやるのが ISO 9001 だ"と言われることがありますが，これは話半分．もっと大事なことは"どう決めるか"です．

第4章　品質確保は全員で取り組む

(1) モノづくりの方法を決める

設計・開発が終われば，作り方（製品を実現させる方法）の具体的な検討・設定です．一人で考えたり，関係者が集まって検討する方法もあれば，試作品を作ってみて，作り方を確定する方法もあります．この"実現方法を決める"は，製造業だけでなく，建設業やサービス業でも同様に重要です．

(2) プロセスや設備・要員などを設定

加工・組立の順番や組立系統など，製造時にどのようなプロセスを経ていくかを確立し，管理方法や管理値など，具体的な作り方を設定していきます．また，使用設備やソフトウェア，要員などを確保して，実際の生産に備えます．

(3) 検証方法・合否判定基準・記録などを決める

さらに検査の方法や判定基準を規定したり，監視方法を設定したり，製造や検査などの確認結果の記録方法も指定して，製造のための準備を進めます．

(4) 方策検討の良否が生産時の品質を決定づける

"生産方法の設定"の段階は，"どうすればうまくいくか"を決める段階です．つまり，今後の生産がうまくいくか否かは，この部分での検討が十分であるかどうかによって，大きく左右されます．

4.5 業務を外部に委託するには

<購買・外部委託>

業務を外部に委託することがあります．なぜ"安心して委せられる"のか，きっと"安心できる何か"があるはずです．それをもう一度,考えてみましょう．

第4章　品質確保は全員で取り組む

(1) 依頼して大丈夫か

外部に仕事を委託したり，資材などを買う場合に，依頼して大丈夫か，どの程度まで依頼できるか，管理は必要かなど，依頼内容に応じて評価・判断することを，ISO 9001 では求めています．

(2) 何を伝えるか

業務依頼や物品購入の際には，何を買いたいかを伝えます．単純な内容なら電話などでも伝わるでしょう．多くの条件が付く場合には，図面や文書を使うなど，確実に意図が伝わる方法で依頼します．

(3) 外部委託先の間接管理は

自分たちの組織で行う製造やサービス提供の一部を外部に委託する場合であっても，確実に意図したものができるようにする必要があります．自組織としては，どのように間接管理（マネジメント）するかを設定して実行することがポイントです．

(4) 頼んだものが届いたか

依頼したものが届いたか，依頼したサービスが提供できたかを，確認していると思います．受入検査を行うか，伝票の照合だけでよいかなど，どのように管理するかは，(1)の"評価"の結果を考慮して，組織として決めていきます．

4.6 製造する・サービスを提供する

<モノづくりの基本>

製造してお客様の手元に届けること，施工して構造物を作ること，サービスを提供することは，組織の中心活動です．ここでは確実性がポイントです．

第4章 品質確保は全員で取り組む

(1) 製造・サービス提供

製造・サービス提供についても,確実な管理が必要となります."生産方法を決める"段階で内容が固まっていますので,製造・サービス提供は,基本的に,そこで決めた内容に沿って,実施します.

よく言われる"品質は(製造の)工程で造りこむ"ためには,生産方法設定時にいったん決めたことをどのようにすれば確実に,また継続的に実施できるか,その方法を,普段からよく考えておくことと,それらを確実に実践していくことに尽きます.

(2) 検査・試験

製造・サービス提供の結果は,検査・試験などで確認します.方法・内容や記録は,4.4の"生産方法を決める"での検討結果に従って実行します.

(3) プロセスの状況確認

製造・サービス提供の進捗状況は掌握されているでしょうし,プロセスの運用状況も,日ごろから確認していると思います.進捗や状況については,製造・サービス提供のプロセスだけでなく,教育訓練や内部監査などのプロセスについても,管理されているでしょう.どのプロセスを状況確認の対象とするか,自分たちの組織の考え方に基づいて選んで,必要なものを実施していきます.

4.7 お客様はどう思っているか

<顧客満足はビジネスの基本>

ISO 9001 は "ビジネスそのもの" です．すなわち，お客様が良い印象をもち，満足していることは，ビジネスに必要な基本的要素であると言えます．

第4章　品質確保は全員で取り組む

(1) 顧客満足は新製品の発売前から考えている

たとえば試作品を使ってもらって意見を得たり，企画書を出して反応を見るなど，お客様の関心度や納得度を知るように努めていると思います．顧客満足情報の入手は，発売・契約前から始まっています．

(2) 顧客満足に関する情報を入手する

お客様が自組織をどう思っているかは，お客様に直接尋ねたり，お客様の反応や様子を見て情報を得るのが，一般的です．アンケートを取ったり，打合せ時に尋ねるなど，さまざまな方法があります．

(3) 売行きも顧客満足のバロメータ

売行きの伸びは，お客様から支持されていることの表れです．懇意顧客から付加価値の高い仕事がくるようになるというのも同じ状況です．そうなった原因や理由は，ぜひとも知りたいところです．

(4) 今後の改善に結び付ける

"顧客満足"状況を知ることは，"情報を得ること"自体が目的ではありません．提供する製品やサービスの改善や，お客様への対応方法の改善など，将来に役立てることが，本来の目的です．したがって，"何に"役立てるために，"何を"知りたいかを考えて，情報の入手方法を設定することが大切です．

4.8 工夫する

＜改　善＞

組織が成長するために，改善は欠かせません．働いている人たちが元気を出し，充実した気持ちになるためにも，意欲的に改善を続けましょう．

第4章　品質確保は全員で取り組む

(1) 日々工夫

仕事をしている人なら誰しも，常に工夫していることでしょう．これが"改善"の原点です．

(2) 何に取り組むか

ISO 9001には"改善"に関する要求事項がありますが，改善として，どのようなテーマに取り組むかは，組織に任されています．自分たちが気づいたこと，お客様や認証機関から言われたことなど，取り組んで改善する値打ちのあるものには，積極的に取り組むとよいでしょう．

(3) どの場面を通じて取り組むか

改善に取り組む場面としては，是正処置，品質目標の展開，経営者からの指示や会議での決議など，さまざまなものがあり得ます．取り組む場面は，何も一つに限る必要はありません．あらゆる機会を活用して，工夫してみましょう．

(4) 仕組みで定着を図る

せっかく工夫・改善しても，続けられなければ，値打ちは半減です．改善すること自体も大切ですが，続けることは意外に苦労が多く，エネルギーが必要です．日常的な仕事の仕組みに採り入れて，今後も続けられるようにすることが重要です．

4.9 普段から備えておく

＜資源の確保がシステムを支える＞

中・長期的な経営計画を達成させるために，新たなことに取り組み，問題点を解消するために，ヒト・モノ・カネなど，必要な資源を確保していきます．

第4章　品質確保は全員で取り組む

(1) 要員の力量

携わる人の力量に依存する仕事では、適切なレベルの人の確保、そのために教育訓練や自己学習などで、各人が適切なレベルに保つことが必要不可欠です．ここでは短絡的に、すべて教育訓練と捉えずに"本当に必要なレベルになるようにする"という観点から、適切な方策を立てることが大切です．

(2) 設備などの保守・維持

設備の保守・維持も、普段から備えておく事項です．機械の中に消耗しやすい部品や機構がある場合には、スペアパーツを確保しておいたり、日ごろから注油していることと思います．

(3) 設備…"要求事項への適合の達成"が趣旨

ISO 9001は、組織内にある設備などについて"どんなものであっても、すべてこの管理をしなさい"といった画一的な実施を求めているわけではありません．あくまでも"製品・サービスの要求事項への適合の達成"が目的であるとしています．

(4) 必要性の明確化と確保

人材や設備などが、新たに必要となるケースがあります．どのような資源が望ましいかを明らかにし、必要性を判断して、確保していきます．

4.10 振り返ってみる

<レビューがないと進歩がない>

普段，何気なくやっている仕事でも，それがうまくいったかどうかは，気になるものです．振り返って気づくことが検討・工夫の開始の引き金となります．

第4章 品質確保は全員で取り組む

(1) 製品に関するレビュー

製品設計の途中段階に限らず，当該製品を市場に出したり顧客に提供するまでに，さまざまな場面で，製品に関する"レビュー"を実施しています．

(2) 個別活動・手順に関するレビュー

生産方法や工程など，いったん手順を確立したとしても，その方法がいつまでもベストであるとは限りません．決め方がよかったか，そのときに用いた情報が適切だったかなど，結果の良否以外にも検討課題はあり得ます．手順確立の途中経過も含めて，内容・方法などの良否・適否を振り返ってみます．

(3) 品質マネジメントシステムに関するレビュー

新たな工夫をしたとき，再発防止策を講じたとき，教育訓練を施したときなど，品質マネジメントシステムに関する"レビュー"も，多くの場面で実施しています．

(4) レビューがないと進歩がない

"計画を立て，実行してみたが，うまくいかないのであきらめた．それで別の計画を立てたが，これもやはりあきらめた"では，何の進歩も望めません．PDCAサイクルならぬ"PDサイクル"です．やはりレビューが重要．やりっ放しは禁物です．

第5章
組織内のルールを理解する

自分を取り巻くルールはどのように存在しているか，どのようにしてルールを調べるか，どのようにしてルールを伝えるかを，実施者の立場に立って考えていきます．

5.1 自分の行うことは？

＜自分の役割を明確に認識＞

自分のもっている役割を，あらためて整理してみましょう．手順書などで調べてみると，自分が意外な業務を担当するように指定されていたりします．

第5章　組織内のルールを理解する

(1) 組織の中の自分

組織の中で自分が仕事を行うとき，自分が組織のどの位置にいるかを，普段から承知していると思います．

(2) 自分が行うことを認識する

自分が何を行うことになっているか，その役割を，明確に認識しておく必要があります．部門としての役割，職制上の役割，特定の資格に基づく役割，部門内での指定や分担による役割のほか，全従業員に共通の役割もあるかもしれません．

(3) 自分を取り巻くルールを知っておく

自分が仕事を行うときには，ルールに従うことが鉄則です．そのためには，自分が何をやることになっているか，周囲の人は何をやることになっているか，組織全体としてどのように行うことになっているかなど，自分を取り巻く組織内ルールを知って，理解しておくことが重要です．

行うことがはっきり決まっていなかったり，特定の役割が自分にあてはまるかどうかが不明瞭な場合には，明確にする必要があるかもしれません．もっとも"実務者は，責任者による指定に従う"という決め方もあります．そのことを責任者が認識していれば，きっとうまくいくことでしょう．

5.2 ルールができてくる背景

<ルールは生まれて消えていく>

業務に使う用紙や様式を作ると，使っていくうちに内容を変えたくなり，いつの間にか使われなくなったりします．ルールも,同様な道をたどりがちです．

第5章　組織内のルールを理解する

(1)　困ったときにルールができる

ISO 9001 に取り組む前から，組織には，数多くのルールが存在していました．こうしたルールには，じっくりと考えた末に生まれてきたものもあれば，突発的なトラブルに対処するためにできてきたものもあり得ます．

(2)　やっていくうちにルールが変わる

こうして生まれたルールは，次第に変化していきます．たとえば，最初は，特定の目的があって設けた記入用紙が，使っていくうちに，本来の目的を忘れ，その欄を埋めることが仕事のようになって，儀式化していくことがあります．

(3)　いつの間にかルールが消える

そのうちに，用紙を使うことが無駄に思えて，いつの間にか，やめてしまうということもあります．

(4)　体系立ってルールを整備

応急処置的な臨時ルールならば，それでよいかもしれませんが，長期的にデータを溜めることが目的だったりとすると，ルールどおりに実施していないことは，もしかすると，組織の損失になるかもしれません．組織として，系統立った活動を行うには，ルールを体系立って整備していくことが大切です．

5.3 ルールはどこで調べられる？

＜ルールがわからないと混乱する＞

ある業務を担当することになりました．その業務に，どんなルールがあるかを知っておかないと，仕事も円滑に進められません．さっそく調べましょう．

第5章　組織内のルールを理解する

(1) 自分のやることと，ほかの人がやること

自分が何をやるか，ほかの人が何をやるか，組織の中の一員として仕事を行ううえで，よく知っておくべき事項です．

(2) ルールはさまざまな形で存在

組織の中のルールは，さまざまな形で存在しています．手順書のような形態もあれば，先輩から後輩に語り継ぐものもあります．自分が知りたいルールを，どのように探せばいいか，知っておきましょう．

(3) 文書が多いとルールが調べられない

ルールを文書に書き表すと，いつの間にか文書が増えてしまうことがあります．たとえば，自分が関わるルールが，さまざまな場所にばらばらに載っているとしたら，どこを探せばよいか，皆目見当がつかないことさえあり得ます．

(4) いつも目に付くところにルールを示す

ルールは，探せないと意味がありません．私たちはよく，一覧表を壁に貼ったり，記入用紙で表したりします．これらは，一番大事なことがすぐ目に付くようにするための工夫です．つまり"いつも目に付くところにルールを示す"のは，必ずわかるようにするための秘訣です．

5.4 ルール制定の理由を知る

＜理由がわかれば納得できる＞

何の理解もなくルールは生まれません．詳細な手続き方法も知らないと困りますが，それ以上に，ルール制定の理由は，ぜひ知っておきたいところです．

第5章　組織内のルールを理解する

(1) 理由がわかれば納得できる

第2章でも説明しましたが，人は，それをやるための理由がわからないと，"やらされている"と感じてしまいがちです．逆に，理由がわかれば"なるほど，これは，やらなければならないな"と思って，積極的に行おうと努めます．

(2) ルールを制定した本人でも理由は忘れやすい

しかし，こうした"理由"は，そのルールを決めた本人でさえも，いつの間にかわからなくなってしまいがちです．

(3) 理由は積極的に聞こう

業務が本質を外れたものに陥らないようにするために，そして，業務に対する取組みがマンネリ化しないようにするためにも，"ルール制定の理由"は，積極的に尋ねたり，調べたりして，理解するように努めましょう．

(4) 理由がわからないと変えられない

また，あるルールを変更するときに，そのルールを制定した理由がわからないと，果たしてこれを変えてよいものかどうかが，わからなくなることもあります．そのためにも，ルールを決めた理由は，何らかの形で目に見えるようにしておきましょう．

5.5 普段から忘れずに実行するには

＜思い出すきっかけを設ける＞

ルールを決めても，忘れてしまうと活きません．表示する，点呼する，朝礼で指示するなど，どうすれば思い出せるのかも，併せて設定しておきます．

第5章　組織内のルールを理解する

(1) 私は今日,何をやるのか?

人によっては,担当する仕事が,毎日異なることがあります.自分自身が,今日,何をやることになっているかは,知っておく必要があります.

(2) この次に何を行うのか?

一つの仕事を始めたときに,次に何をやるべきかを,すぐに思い出せないことがあります.このような場合は,"やるべきことを文書化する""やるべき事項をすべて並べておく"など,何か工夫する必要があります.

(3) 注意すべきことを気づかせる

コピー機が紙詰まりしたときに本体のカバーを開けて"高温注意"と表示してあるのに気が付くと,うかつに触る人はいないでしょう.文書化の極意は,こうしたセンスだと言えます.

(4) 3年に一度しかやらないことは?

毎年1回行うものであれば,普段よく見るカレンダーにマークして,容易に思い出せるようにするのも方法です.しかし3年に一度しかやらない仕事だと,この方法は採れません.3年に一度やる必要があるなら,確実に思い出せるようにするための,何か別の仕組みを設ける必要があるでしょう.

5.6 普段しないことを行うことになったら

＜やり方は調べないとわからないことが多い＞

普段から担当している仕事と，普段担当していない仕事とでは，手順の提示の仕方や調べ方に，おのずと違いがあります．メリハリが大切です．

第 5 章　組織内のルールを理解する

(1) 普段やっていることは思い出せる
　普段から携わっていることは，たいてい頭の中に入っています（でも，いつの間にか勘違いしていることもあるので，要注意ですね！）．

(2) 普段やらないことは覚えていないことがある
　しかし，普段やっていないことは，なかなか思い出せませんし，思い違いをしていることもあります．

(3) 普段やらないことは文書化が必要
　よく"ISO 9001 は，普段やっていることを文書化すればよい"と言われます．これは，確かに一つの真理ではありますが，常に正しいとは限りません．逆に"普段やらないことこそ文書化が必要"だったりします．たとえば，日ごろからビデオのタイマー録画をしている人は，タイマーの操作方法を覚えていますが，テレビのチャンネルが増えた場合の操作方法までは，さすがに覚えていないものです．

(4) すぐに調べられるようにするために
　普段やっていないことは最低限，すぐ調べられるようにしておく必要があります．どうすればそれを調べられるかを明確にし，整理の仕方も工夫して，普段から気を配っておく必要があります．緊急時の対応策こそ，すぐ探せるようにしておきましょう．

5.7　この仕事はどうつながっているか?

＜組織として活動するために＞

組織は，人と人との関わりです．組織全体の方向性が一致し，協調関係が確立して，初めて大きな力を発揮できるようになります．

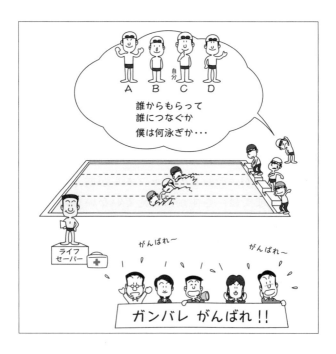

第5章　組織内のルールを理解する

(1) 自分の仕事の上流と下流
　自分が，いまやっている仕事は，それまで，どのような流れで自分のところに来たのか，そしてその後は，誰にどのように引き継がれるのかを，よく知っておきましょう．

(2) 全体の中での自分の仕事
　組織として活動するためには，全体の中での自分の仕事の位置づけを，知っているのと，いないのとでは，機転の効き方や工夫の仕方が異なってきます．

(3) 順調な場合と順調でない場合
　もちろん私たちは，自分の仕事にベストを尽くしていますが，常に順調なときばかりとは限りません．順調な場合と，順調でない場合とでは，やるべき事項や連携相手が異なることがあります．順調でない場合には，どうすればよいか，誰に連絡すればよいか，そのときに何を知らせるかも，知っておく必要があります．

(4) 連係プレーで乗り切る
　自分一人で仕事をしている訳ではありません．組織としてのパワーを発揮するには，どのような連係プレーをとればよいかを，普段から考えておくことは，非常に重要です．

5.8 次工程はお客様

＜やることは，きちんとやる＞

自分のやることを，きちんとやるのは，当然のことです．さらに，組織の中で仕事を行うために，自分の仕事の下流にいる人のことも考えます．

第5章　組織内のルールを理解する

(1) 次工程はお客様

よく"次工程はお客様"と言われます．次工程の人と商取引しようという訳ではありませんが，組織として協力しながら，互いに快く仕事をやろうとするときの気持ちを表した言葉だと思います．

次の段階の人が何をやることになっているかは，ルールを調べて知っておく必要があります．そうすることで，次工程の人のために，自分は何をどのようにやればよいのかがわかってきます．特に小さな組織や，一品一葉の仕事（製造，施工，サービス提供）では，自分が担当する部分以降のことを考えていくと，何をやればいいのかが，わかってきます．

(2) 自分の成果はどこで活きてくるか

自分の仕事の成果は，この後，どのように活用されるのでしょうか．それを理解して，使う人の立場に立って考えるうちに，どのような形で結果を残せばよいか，たとえば記録の取り方やまとめ方や伝達方法などが，おのずと決まってきます．

(3) 次工程のお客様の"顧客満足"！

次工程のお客様の"顧客満足"を，これまで考えてみたことがありますか．一度，自分のやっていることを，次工程の人がどう思っているのか，聞いてみてはどうでしょう．

5.9 どうすれば後任者に伝えられるか

＜ルールの文書化は引継ぎ資料＞

なぜ文書を設けるのでしょうか．"自分は見ないな"と思ったら，きっとその人には不要な文書なのでしょう．でも，後任者も同じ気持ちなのでしょうか？

第5章　組織内のルールを理解する

(1) いまの自分に必要なこと

いま現在，自分がやっていることを，今後も永久に続けるのであれば，いまと同じやり方をそのまま続けても，おそらく問題にならないでしょう．やるべきことの細かいニュアンスも，すべて頭の中に入っているでしょうし，記憶力のよい人であれば，記録を取らなくても，支障はないかもしれません．

(2) 業務担当の変更

しかし，組織として仕事を行っている以上，業務担当が変更になることは十分あり得ます．すると，この前提条件が使えなくなるかもしれません．

(3) 自分にわかっても，ほかの人にはわからない

その仕事をすみからすみまで知っている人なら，何も調べなくても，すべて順調に進められるでしょう．しかし，こういう人が行ってきた業務の担当が変更になると，後任者は大変です．後任者にとって，いくつかの重要事項の実施方法が全くわからず，最悪の場合，業務が停止してしまうこともあり得ます．

(4) ルールの文書化は引継ぎ資料

第2章でも触れましたが，"自分の担当業務を文書化するべきか""どの程度まで文書化するか"は，引継ぎ時の必要性で考えるのが現実的です．

5.10 この記録の用途は

<必要なときに探せるように>

あの記録を見たいが,どこにあるのかわからない.見まわすと不要な記録ばかりに埋もれている.肝心なものだけが見つからない.気持ちはパニック!

第 5 章　組織内のルールを理解する

(1) 記録を残す理由

　記録は，何のために残すのでしょうか．"ISO 9001 で要求されているから"ではなく，どのように活用するかで考えるとよいでしょう．

(2) この記録はどのような場面で使うか

　記録の活用場面には，活動成果を後から証明するケースもあれば，不具合発見時の原因究明というケースもあります．したがって"どの記録を残すか""どんな形態で記録を残すか"は，その記録を何に活用するかで決まります．

(3) いつまで残す必要があるか

　記録の保管期間の決め方も同様です．20 年後に活動の成果をチェックする場面があるならば，保管期間は，少なくとも 20 年間は必要でしょう．逆に製品ライフ（寿命）が長くても半年ならば，20 年間保管する値打ちはないかもしれません．

(4) 捨て方を考えると残し方が決まる

　保管期間が 3 年と 7 年の記録を何も識別することなく一つにファイルすると，3 年を経過した時点で，ファイルの中身をすべて見直さなければならなくなります．記録の残し方は"捨て方を考えると，おのずと決まる"と言えます．

第6章
経営者はどう見ているか

品質マネジメントシステムを,経営者の立場から,どのように見ているかを紹介していきます.

6.1 自組織のポリシーが浸透しているか?

＜理解が重要＞

経営者の想いと，従業員の想いに差があると，ギクシャクするだけでなく，組織全体としてのパワーは，強くなりません．ポリシーの理解・浸透が重要です．

第6章 経営者はどう見ているか

(1) 経営者は誓約する

経営者は,組織のマネジメントの運営に,"熱い想い"をもって取り組んでいます.経営者は,"品質マネジメントシステムを構築・実施・改善すること"に対して,熱意をもって約束・誓約します.

(2) 品質方針は組織のポリシー

品質方針は,第3章でも説明したように組織のポリシーです."組織がどの方向を目指しているか"という,経営者の気持ちが込もっています.

(3) 品質マネジメントシステムは経営者を映す鏡

品質マネジメントシステムは,品質方針に沿って構築していきますので,"組織の根底に流れる基本思想"の上に成り立っています.つまり,品質マネジメントシステムは,"経営者の姿勢"を反映したものであると言えます.

(4) 品質方針は単なるスローガンではない

品質方針を,暗記する必要はありませんが,"何を意図しているか"を理解することは必要です.品質方針は,単なるスローガンや合い言葉ではありません.品質マネジメントシステム中で詳細ルールが決まっていない場合は,常に原点である"品質方針に戻る"という気持ちで,内容を理解してください.

6.2 全員の取組み

＜ ISO 9001 導入は全員で取り組む＞

"全員で取り組む"といっても，放っておいては誰も動きません．経営者としては，全員が意欲的に業務に取り組むようにするための働き掛けも大切です．

第 6 章　経営者はどう見ているか

(1) 全員で取り組む

ISO 9001 は，経営者だけ，推進委員だけで成り立つものではありません．繰り返しますが，"品質マネジメントシステムは普段の仕事そのもの"です．全員で取り組むことが不可欠です．

(2) その気にさせる

品質マネジメントシステムを長く運用すると，馴れ合いになることがあります．経営者は，競争心をあおったり，各部門が成果を披露する機会を設けるなど，各人がその気になって，活性化するように，さまざまな手を打つことがあります．

(3) ときどき見に行く

経営者みずからが，個々の部門や職場を回って，運用状況や取組みの熱心さ，目の輝きを見に行くこともあります．これも，経営者の意欲の表れです．

(4) 管理責任者（経営者の代理人）

とはいえ経営者は，新しいビジネスの考案や今後の方針を示すことのほか，業界貢献や得意客へのトップ訪問などに，かなりの時間を費やしています．ISO 9001 では，そのような場合に，品質マネジメントシステムに関して経営者の片腕となる，"管理責任者"を設けることも可能です．

6.3 成果を見たい

<うまくいっているだろうか>

経営者は，何かを始めたとき，それがうまくいくか見守りながら，どこでテコ入れするか考えています．新たなことの成果を常に気にしているものです．

第6章 経営者はどう見ているか

(1) ISO 9001 導入は3か年事業
ISO 9001 の認証取得後,最初の1年目は"準備と導入の年"と割り切り,"2年目は定着の年""3年目は飛躍の年"として位置づけて,じわじわと浸透するのを待った方がよいでしょう.

(2) 内部監査の報告
品質マネジメントシステムの運用状況と有効性を端的に調べるには,内部監査の活用が有効です.経営者から内部監査チームに"今回の内部監査で何を調べてきてほしいか"を示して内部監査を行うと,意図する情報を得られます.

(3) 品質目標の達成状況
品質目標は,各部門が取り組むテーマです.一般に経営者は,途中経過の報告を受け,そこまでの成果や兆しを知り,それぞれの意欲を測っています.

(4) 成果をお金に換算してみる
ISO 9001 は,いわば"ビジネスそのもの"です.品質マネジメントシステムを"ビジネス用のツール"として捉えるならば,成果をお金に換算することもあります.ISO 9001 の導入で得られた成果が,運用原価を上回るならば,費用面でも効果が上がっていることを,胸を張って言えるようになります.

6.4　必要な情報の収集①

<ルートの確保>

本当に必要な情報は，しっかりとルートを確保しておかないと，なかなか入ってきません．情報ルートを設けることは，マネジメントの基本事項です．

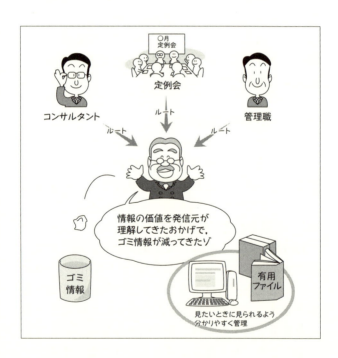

第6章　経営者はどう見ているか

(1) 情報アンテナ

第1章でも説明しましたが，さまざまなことを判断したり，新たなことに踏み出すことを決めるために，経営者は，情報を得るためのアンテナを，いくつも張っています．

(2) 普段からの情報確保

日々の業務の状況についても，全般的な情報を得るために，管理職を通じるなどの方法で，普段から情報を確保しています．

(3) 有用情報とゴミ情報

一口に"情報"といっても，本当に有効な情報もあれば，ことさら必要でない情報もあります．あまり有用でない情報はよく届き，肝心な情報だけは，意外に届かないといったことがしばしば起こります．経営者にとって有用な情報だけが確実に届くようにするために，情報の発信元の人たちが，情報の価値を理解するよう，認識させていきます．

(4) ルートの確保

情報が経営者にタイムリーに届くようにするには，情報伝達ルートの確保が大切ですが，一朝一夕にはできあがりません．時には，当人に何度も言い聞かせ，練習・認識させて，確立していきます．

6.5 必要な情報の収集②

＜情報を見いだす…データの分析＞

情報を得ることのできる人が情報の価値に気づいていないと，情報は発信されません．これらは，何が起こっているかを知ることから始まります．

第6章 経営者はどう見ているか

(1) 情報を見いだす…データの分析
　組織の中では，日々の活動に伴って，各種データが蓄積していきます．データによっては，単一の生データのままではあまり意味をもっていないものの，それらを集めて分析すると，傾向がわかったり今後の予想ができたりして，さまざまな情報が見いだせる場合があります．

(2) システム運用の情報ターミナル
　ISO 9001には"9.1.3 分析及び評価"という箇条があり，品質マネジメントシステムの情報ターミナル的な役割を担っています．

(3) 必要な情報の確保
　ほしい情報を入手するために，どのデータを取り，どのタイミングで，どのように分析して，どの情報を得るかを，日ごろから指定しておきます．

(4) 分析して活用
　データを表にまとめたり，グラフにして集計すると，あたかも分析したような気になります．しかし，集計しただけでは，そこにどのような意味合いがあるかを，読み取れるとは限りません．分析は，そこから得られる情報を，どのように活用するかから，考えていくことが大切です．

6.6 必要な情報の収集③

<緊急情報の伝達>

緊急事態が発生したときに，経営者にとって必要なものは，正確な情報の迅速な到来です．これらが早期に届かないと，手を打つタイミングを逃します．

第6章 経営者はどう見ているか

(1) 緊急情報の伝達

　緊急情報は，組織にとって早急な対応が必要なケースが，しばしばあります．どんな情報を緊急に伝えるかを，はっきり認識しておくことが必要です．

　重大苦情や重大問題の発生（できれば"兆し"），社内システムの突然の崩壊など，組織の信頼確保や命運を左右するものは，緊急情報にあたります．

(2) なぜ正確で迅速でなければならないか

　緊急時には，適切な対策をタイムリーに打つことが不可欠です．こうした事態は，通常は自然解消せず，経営者の関与が必要なことも多くあります．情報が早く届けば，早めに手を打てますが，情報が届くのが遅いと，いくつかの対策は，打てなくなります．ただでさえ適切な対策を講じるのに，非常に大きなエネルギーが必要である場面です．後手に回れば，ほとんど"起死回生策"と言ってもいい手段しか採れないという事態にもなりかねません．

(3) 誰に伝えるか

　緊急情報の内容によっては，組織の上層部に即座に伝える必要があるものもあります．想定される事態についてシミュレーションし，どの情報を誰に伝えるかを，普段から意識していないと，肝心なときに伝達できなくなることもあり得ます．

6.7 問題事項への対応

＜早めの対応が重要＞

問題が生じたら，通常は何らかの対応が必要です．問題発生の情報が早く届いても，対応策の決定と伝達・実施が遅くなると，意義が低下したりします．

第6章 経営者はどう見ているか

(1) 顧客からの苦情

お客様から苦情が寄せられた場合,まずその苦情の深刻度や影響度を測るでしょう.ここでの判断を誤ると,今後のビジネス展開や顧客との関係・信用に,多大な影響をきたすケースがあり得ます.

(2) 改善提案

お客様に迷惑をかけていなくても,自組織として手を打つ必要のあるものも,結構あるのではないでしょうか.問題が発生してから対処するだけでなく,懸念を感じた時点で,未然に積極的に手を打ちたいものです.

(3) 大局的な判断

これらのうち影響が大きなものの中には,担当者や中間管理職ではなく,経営者として,大局的な判断を下すものも,あります.

(4) 早めの対応が重要

苦情や改善提案に限らず,何らかの対応が必要な問題事項では,ビジネスへの影響や機会損失の防止,あるいは効率の向上などの観点から,早めに対応することが重要です.経営者は,これらをスムーズに処理できるように,各階層の責任と権限を明確にするなど,組織としての体制を整えます.

6.8 マネジメントレビュー

<システムの運用と改善の司令塔>

経営者は,現状分析の結果と将来を見越した構想をもとに,大局的な判断を下します.マネジメントレビューは,いわば司令塔の役割をもっています.

第6章 経営者はどう見ているか

(1) 品質マネジメントシステムに関する情報

　日々の忙しい状況の中では，品質マネジメントシステムの適切性・妥当性・有効性に関する情報に，なかなか触れることができません．各組織では，監査の結果や，顧客から寄せられた情報，プロセスの実施状況など，検討に必要な情報を集約して，マネジメントレビューの場に持ち込みます．

(2) マネジメントレビュー

　マネジメントレビューは，"システムの運用と改善の司令塔"です．ここでは，将来を見据えたうえで，歩んでいくべき方向性を示していきます．

(3) 必要性に関する決定・指示

　マネジメントレビューでは，品質マネジメントシステムや製品・サービスの改善，資源の必要性など，何から手を付けるかを決定・指示します．

(4) 品質マネジメントシステムの行方の指示

　このようにマネジメントレビューでは，品質マネジメントシステムの改善・変更などを，さまざまな角度から評価します．また組織のポリシーである"品質方針"も，変更の必要性を評価します．こんな場面を年1回設けるか，毎月設けるか，それとも毎週設けるかなど，実施頻度にも熟考が必要です．

6.9 有意義なシステムか？

＜主体は自分たちに＞

システムの良否は，役に立つかどうかで決まります．形だけのシステムが横行する中，本当に有意義なシステムかを，もう一度，考えてみましょう．

第6章 経営者はどう見ているか

(1) "やっていて虚しい"システム

品質マネジメントシステムは，形式だけが独り歩きしたり，本質に合わない手続きばかりが増えるなど，形だけのシステムになることがあります．こうなると，"やっていて虚しく"，維持・継続する意欲が，どんどん低下していきます．

(2) "納得して取り組める"システム

一方，考え方の方向性，目的や理由が明快なシステムは，働いている人が"納得して取り組める"ものであり，システムの維持・継続の推進力になり得ます．

(3) 有意義なシステムへ

すでに認証を取得した組織では，日ごろのビジネスは，品質マネジメントシステムに基づいて実施しています．その基本となっているシステムが，有意義なものであることは，組織の体力確保と気持ちの高揚のために，非常に大切です．

(4) 利益の出る体質

ISO 9001 は，あくまでも"ツール"です．ISO 9001 を導入して利益が出ないならば，"ツールを使いこなしていない"ということです．ISO 9001 の導入によって私たちが目指すものは，"利益の出る体制づくり"であると言えます．

6.10 経営者からの宿題

<抜本的改善の原点>

品質マネジメントシステムは，経営者の想いを映し出す鏡です．担当者の目線から出にくい抜本的改善は，経営者の指示から始まることが多いです．

第6章　経営者はどう見ているか

(1) 経営者はよく見ている

経営者は,いろいろな角度から組織の中の状況を,よく見ています.経営の総括責任者は,実務者や中間管理職とは,目の付け所が,おのずと異なります.経営者は,知り得た情報や自分自身が気づいたことをもとに,組織の将来に向けた改善のための,さまざまな"宿題"を,関係者に出していきます.

(2) 宿題への対応

この"宿題"を渡された者は,抜本的な改善に向けて,推進していくことになります.こうした場面では,宿題のもつ意味や理由をよく吟味してください.経営者は,単なる口先だけの回答を期待している訳ではありません.本質を突く内容で,しかも行動が伴うことを望んでいます.

(3) 成果の報告

実施の後には,経営者に対して,成果が上がったかどうか,方向転換する必要があるかなどを報告します.宿題を出した側は,その後の動きを知りたいものです.途中経過の状況によっては,仮に当初の予定どおりに進んでいたとしても,軌道修正を求めることがあります.経営者として将来を見据えたうえでの判断です.軌道修正の理由がわからなければ,それを尋ねて,納得して進めることが大切です.

第7章
なぜ認証を取得するか？

認証の仕組み，認証取得の意義と目的，そして認証結果と認証機関の活用について，紹介していきます．

7.1 ISO 9001 の導入のメリット

＜組織内の再整備の機会＞

ISO 9001 を導入すると，導入自体のメリットだけでなく，構築の途中段階で組織内の再整備の機会を設けられるという，副次的な効果も期待できます．

第7章 なぜ認証を取得するか?

(1) 顧客の納得を得るために

お客様からは,納品する製品そのものの性能への信頼だけでなく,品質保証体制を築くことによって,製品の性能が確実に継続されることの確証,納期についての安心などが,得られるようになります.

(2) 組織としての基本線を明確に

組織では,仕組み,責任と権限が明確になり,体系立った行動がとれるようになります.中でも"組織としての基本的な考え方の再整備"は,体質強化と意欲の向上に結び付き,メリットの一つです.

(3) 将来に向けた確実化のために

ルールが明確になると,長期的に安定した運用が可能となります.特に"問題点の気づきと問題発生の未然防止"は,大きなメリットです.何かを改善するには,きっかけが必要です.問題の発生がオモテに出て初めて,工夫の引き金が引かれます.

(4) ISO 9001 導入の副次的な効果も考える

これらの積み重ねが組織の活性化につながります.この"副次的な効果"は,意外と大きく,組織内に広く波及することも多いです.ISO 9001 の導入は,組織全体が一致して取り組む機会を得るという面では,ずば抜けて大きな場面であると言えます.

7.2 認証制度とは？

＜自分たちは認証制度のどこにいるか＞

認証活動にも，ルールがあります．正式には"マネジメントシステム認証制度"と呼ばれ，世界的な統一ルールに従って，運用されています．

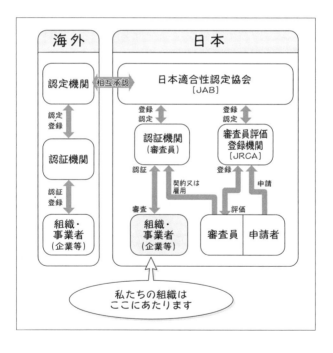

第7章 なぜ認証を取得するか？

(1) 私たち受審者の位置づけ

私たち認証を受ける組織は，左の図の下部にある"組織・事業者"にあたります．

(2) 認証機関

私たち（組織・事業者）のところへ認証審査にやってくるのは，"認証機関"で，審査業務と認証業務を提供しています．

初めて登録を受けるためには，初回認証審査（機関によっては登録審査という）を受けます．その後は，半年または1年の頻度でサーベイランス審査（機関によっては中間審査とか維持審査という）を受けます．認証書の有効期間は3年で，期限までに再認証審査を受けて，認証を切り替えます．

(3) 審査員

認証機関で働く審査員は，審査員研修機関で勉強し，その他の実務経験などを加えて，審査員評価登録機関での評価を受け，審査員登録しています．

(4) 認証機関の認定

認証機関は，日本適合性認定協会が，認証業務の適切性を評価し，認定しています．こうした形態は各国共通であり，一貫した認証制度をもとに，世界中で共通基準に基づいて運用されています．

7.3 認証取得①

<ビジネス上から>

組織は ISO 9001 の認証を,なぜ取得するのでしょうか.まずは,ビジネスの観点から考えてみることにします.

第7章 なぜ認証を取得するか？

(1) 潮流は無視できない

ISO 9001の普及に伴って，いまやISO 9001の認証取得は，ごく当たり前の時代となりました．

(2) 取引で不利になりたくない

商取引では，製品そのものを買ってもらうだけでなく，併せて信用を買ってもらっていると言えます．その結果，認証を取得していない組織は，"ビジネスのネットワーク"に入れない状態になってきています．まずはISO 9001を導入してみましょう．

(3) 競争相手に負けたくない

お客様の信頼と信用を勝ち取るために，日ごろから，競争相手としのぎを削っています．競争相手との違いを示すためには，何らかの裏づけが必要です．第三者審査を受けることで，品質マネジメントシステムが客観的に判定され，適切性や確実性の証が得られます．

(4) イメージアップ

もちろん"イメージアップ"という効果もあります．以前はこれが主体でしたが，現在では，形だけの勲章よりも，実利を目指す組織が増えてきており，ビジネスの観点から，認証を評価する方向に変わってきています．

7.4 認証取得②

<内部マネジメントから>

ISO 9001 の認証取得の効果は，内部マネジメント面に大きく表れることが多いです．認証取得を，組織変革の場に活用する組織が，増えてきています．

第 7 章 なぜ認証を取得するか?

(1) 社会的責任

内部マネジメントの都合から,認証を取得した組織も多くあります.組織が活動を継続していくためには,社会的信用を得て,社会的責任を果たせるようになることが大切です.こうすることで,お客様の信頼度が増していきます.

(2) 体制強化

組織が,一体感をもって一つのことに打ち込めるチャンスはそれほど多くありません."認証取得"という直近の標的をぶら下げ,標的到達に力を結集できる体制を築けば,体制強化にもつながります.

(3) リスク管理

品質マネジメントシステム構築の際に,管理方法を徹底的に話し合うことで,システム運用の確実性が増します.これらは,リスク管理に役立ちます.

(4) 経費節減

不具合が減少し,確実性が増すことで,経済的なメリットも得られます.しかも,さまざまな工夫で効率が上がれば,大幅な経費削減も期待できます.

認証取得には,直接効果に加えて,副次的な効果もあり得ます.ぜひ組織内にアピールしましょう.

7.5 自分たちの組織に対する評価

＜外部に対するアピール＞

認証の取得．その目的は組織ごとに異なるでしょう．しかし突き詰めていえば，外からの評価と，外へのアピールに集約できるのではないでしょうか．

第7章 なぜ認証を取得するか？

(1) 製品品質＋経営品質

組織に対する評価は，時代とともに変わっていきます．いまや"製品品質"を確保できるのは当たり前であり，さらに"経営品質"が問われる時代となってきています．

(2) 組織活動に関連する要素

組織の活動は，組織を取り巻く事項との関わりなくして成り立ちません．顧客要求を達成するのは当然ですが，地域社会や広範な社会に貢献できること，業務委託先や株主などさまざまな利害関係者と共存共栄できること，組織が必ず実行すべき環境保全に積極的に取り組むことなど，組織に寄せられるさまざまな期待に，応えていかなければなりません．

(3) 新しい価値観に基づく"顧客満足と社会満足"

組織が，こうして積極的に関与していくことで，顧客からも，社会からも認められるようになると，いわば"新しい価値観に基づく顧客満足と社会満足"が得られるようになってきます．

現代において組織が世の中に認められ，組織として存続し続けるには，時には，こうした捉え方も必要となってきます．ISO 9001 の認証は，あくまでも，これらの一つの要素に過ぎないということを，決して忘れてはなりません．

7.6 第三者審査と内部監査①

＜第三者審査の特色＞

第三者審査と内部監査．品質マネジメントシステムの運用状況の確認，適合性と有効性の判定が目的であり，互いに似ています．何が異なるのでしょうか．

第7章 なぜ認証を取得するか？

(1) 適合性を冷静に判断

ここでいう第三者審査は，認証制度に基づくものを意味します．組織内の者ではなく，商取引関係にある顧客でもない，客観的な立場の者による確認であり，"適合性"を中心に，冷静に判断することができます．

(2) マネジメントシステムに詳しい

第三者審査の審査員は，ISO 9001の専門家です．つまり，マネジメントにもシステムにも精通した者が審査を担当しますから，こうした方面には明るいと言えます．

(3) お金のことは対象外

ISO 9001には，金銭面に関する要求事項はありません．したがって，ISO 9001に基づく第三者審査では，お金に関することは審査の対象外です．

(4) 外部の目から見た確認が可能

第三者審査は"外部の"審査です．したがって，"外部の目による客観的な確認"が可能となります．

第三者審査は公明正大なものであることが前提です．そして，内部の者だけが見たのでは見落としやすい事項に関する情報を得ることができます．

7.7　第三者審査と内部監査②

＜内部監査の特色＞

内部監査の場で情報をつかみ取り，状況を判断し，改善の糸口を見つけ，将来につなげていく形態は，マネジメントシステム規格の大きな特徴です．

第7章 なぜ認証を取得するか？

(1) 有効性・効率を，情熱をもって判断

内部監査は，組織の中の人が行いますので，気持ちの入り方が異なります．ISO 9001 では，効率は扱いませんが，内部監査では，システムの有効性だけでなく，効率も調べることが可能です．

(2) 社内ルール制定の趣旨・背景に精通

組織が運用しているルールは，普段から目にしている内容であり，ルールの趣旨や背景に精通していることから，深みのある監査が可能となります．

(3) 改善を主体に提案に結び付ける

自分たちの組織を監査する訳ですから，冷静に適合性を中心に判断するだけでなく，改善を主体に調査して，提案に結び付けることが可能です．

(4) 愛社精神をもとに利潤面も考慮可能

これらの原動力は"愛社精神"にあるのではないでしょうか．こうした気持ちをもって接するのであれば，ISO 9001 では扱っていない"利潤面"も考慮して，監査することも可能です．

このように，第三者審査と内部監査とは，どちらがよいか悪いかを比べるのではなく，それぞれの特色を活かして，うまく使い分けるのが得策です．

7.8 認証取得はスタートライン

＜認証取得がゴールではない＞

品質マネジメントシステムを構築していくと，認証を取得したら"ゴール"に至ったと考えがちですが，実は，ここが"スタートライン"です．

第7章 なぜ認証を取得するか？

(1) 経営者の堅固な意志

システムの維持には，多くのエネルギーが必要です．品質保証体制の顧客アピール，従業員の意識改革など，ISO 9001の導入・運用の目的を，あらためて経営者みずから語りかけることが重要です．

(2) 従業員の参画と認識

品質マネジメントシステムは，あくまでもツールであり，日々の運用の主役は従業員です．各人が，目的意識をもって取り組むこと，趣旨や有効性を理解して積極的に使いこなすことが，品質マネジメントシステムの維持・継続に，大きく貢献します．

(3) 内部監査の充実

組織もシステムも，いわば"生き物"であり，日々変化します．内部監査は，状況掌握と改善ポイント発見の主役であり，有意義な品質マネジメントシステムであり続けるために，内部監査の機能を充実させ，大いに活用したいところです．

(4) 継続的改善への意欲

日々変化するシステムを，適切な方向に導き，将来に向けた経営戦略を反映させるために，継続的改善を進めやすい体制を築き，意欲が出る雰囲気を醸し出すことも，経営者としての重要事項です．

7.9 審査結果の活用

<襟を正し,強みを強化>

認証機関の審査員は,品質マネジメントのプロです.審査で得られた情報や知見は,客観的で大局的です.積極的に活用しましょう.

第7章 なぜ認証を取得するか？

(1) システムの全般的な確認結果

第三者審査を受けると，品質マネジメントシステム全体の確認が得られます．内部監査では，部門単位で監査チームを交代させて実施することが多く，全般的な情報は，経営者にとって貴重なものです．

(2) 不適合に対する是正処置

不適合には，確実に是正処置を講じます．是正処置の内容と有効性の評価結果は，外部の目で確認されますので，専門的な観点からの評価が下ります．

(3) "改善の機会"をもとに改善へ

ここでいう"改善の機会"は，不適合ではないものの，対応しておいた方がよさそうな事項です．ただし，組織内で追加調査してみると"現在の運用方法の方が適切"というケースもあり得ます．この場合には，これ以降の対応は必要ありません．

(4) 外部の声は聞いてもらいやすい

品質マネジメントシステムを長年運用し，内部監査の回数が重なっていくと，内部監査に慣れ切ってしまい，効果が薄くなることがあります．これに対して外部の声は，組織の中でも，比較的対応してもらいやすいので，積極的に協力して，実りある第三者審査とすることが，自分たちにとって有効です．

7.10 認証機関に望むこと

＜認証機関を活用する＞

組織全体を通じた"マネジメントシステム"の状況，将来に向けた抜本的な改善の契機となる情報．認証機関には，これらの提供を望みたいところです．

第7章　なぜ認証を取得するか？

(1) マネジメントのシステムとしての見方

認証機関には，それぞれ特色があります．また見方やコメントの出し方は，審査員ごとに少しずつ差があります．しかし，審査の観点は，常に"マネジメントのシステム"に置いてほしいところです．

(2) 活動成果に対する評価

組織では，自分たちなりに工夫しながら品質マネジメントシステムを運用・改善しています．しかしながら，渦中にいると，活動の成果が，良い方向に進んでいるのかどうかが，わからなくなることがあります．認証機関には，このような観点からの評価も得たいところです．

(3) 改善の機会の特定

第三者審査の審査員は，いずれも品質マネジメントのプロです．認証機関として，提案することへの制約がありますが，その範囲内での提案事項は，積極的に受けていきましょう．

(4) 成長の姿

通常は，同一の認証機関が毎回審査にやって来ます．したがって，初回登録以降の，品質マネジメントシステムの"成長の姿"も，積極的に確認してもらいましょう．

第 **8** 章
普段から自分が気を付けること

品質マネジメントシステムの当事者の一人である自分自身が，何をやるか，何を考えるかを中心に説明し，本書を締めくくることにします．

8.1 自分の行うことは？

<自覚して忘れず実行>

"普段から自分が気を付けること"の原点は，自分が行うことをよく知ること，そしてその重要性や影響度を自覚して，忘れずに実行することです．

第8章　普段から自分が気を付けること

(1)　自分の役割の認識

　自分自身が何を担当することになっているかは，普段から，意識されていることでしょう．

　たしかに，たとえば製造部の製造担当者であれば，自分にとってのメイン業務にあたる"製造する"ことについては，よく認識していることでしょう．しかし，文書管理や教育訓練，是正処置，継続的改善など，自分のメイン業務から少し離れた業務については，何を行うことになっているかが，意外と認識されていなかったりします．

(2)　自分の役割の再確認

　これを機に，自分にとって日常的でない業務（しかし，自分が行う業務）についても，自分がどのような役割を担うことになっているかを，部門内の役割分担表や手順書，業務の個別指示書や用紙・様式類，説明を受けた際の教育資料や申送り書，議事録，品質マニュアルなどを用いて再確認し，あらためて認識し直してみましょう．

(3)　忘れずに実行

　自分の役割をいったん再認識したとしても，たいてい，また忘れます．そして，第2章の説明を思い出しながら，普段から活かして実行できるように，備えていきましょう．

8.2 緊急時に行うことは

＜普段から意識していないと対応できない＞

緊急時には,即座に実行を迫られることが多いため,緊急時のことは普段から意識していないと,何を行うかがわからず,対応できないことがあり得ます.

第8章　普段から自分が気を付けること

(1)　状況の掌握

　緊急問題が発生した場合には，"どういう状況にあるか"を，まず掌握します．それらを明確にするために，検査や試験を急遽実施したり，状況の分析や数量集計などが必要となる場合もあります．

(2)　ほかへの波及

　緊急問題は，いま目の前で発生している事項だけでなく，ほかへも，連鎖的に波及する可能性があります．こうした，波及の可能性について見ていく必要があるかどうかを，発生した状況と内容から判断していきます．

(3)　仕事の停止

　"不良品が続々と大量に発生している"といった状況では，まず稼働中の機械を停止したり，製品の出荷や次工程への搬送を止める必要もあり得ます．

(4)　組織の信用の確保

　組織の信用を確保するために，事故を届けたり，公表したり，製品を回収しなければならないこともあり得ます．ただしこれらは，担当者レベルではなく，通常は，上層部が判断するものでしょう．担当者としては，その状況に応じて，誰に何を伝えるかを，普段から知っておくことが大切です．

8.3 間違えたら

＜あらかじめ対処方法を規定しておく＞

間違いは，あってはなりません．しかし，間違いが生じたときに，その影響を最小限で食い止める策も，併せて設定しておいた方がよいケースも多いです．

第8章　普段から自分が気を付けること

(1) 不良品を区別
　仕事を行うと，時には間違いを犯すこともあります．製品が不良になった場合には良品と区別がつくようにしますし，工事での不良箇所をペンキで表示して明らかにしたりします．

(2) 関係者への連絡
　次に何を行うかは，組織によって違いがあります．実際には"不良状態の解消や今後の対策に関わりのある人に連絡を取る"ことが，多いようです．

(3) 不良になった現品の処理
　不良になった現品の処理は，誰がどうすることになっているのでしょうか．よく発生する不良症状については，対処方法を事前に決めてあることも多いようです．もっとも，特別採用の申請（不良状態が残ったまま受け入れてもらう）のような場合では，特定の人だけが決定権をもつこともあり得ます．

(4) 症状と対処結果を記録
　症状と対処結果は記録します．この記録は，分析と評価を通じて，"要求事項への適合性"の情報に活用します．不良品や不良サービスの管理は重要なので，関係者が具体的な方法を知る手立てを設けることも大切です．

8.4 品質方針と該当する品質目標

<認識が重要>

自分の組織のポリシー．これが"品質方針"であることは，第6章でお話しました．しかし，これは自分自身に，どのように関わってくるのでしょうか．

第8章　普段から自分が気を付けること

(1) 品質方針の理解

　自分の組織の"品質方針"を，覚えていますか．もし品質方針が，スローガンの形態で示されている場合は，その意味を理解していますか．ISO 9001には"品質方針を丸暗記しなさい"という要求はありませんが，理解している必要はあります．

(2) 自分に該当する品質目標と達成策の理解

　自分に該当する"品質目標"には，何がありますか．その目標を達成させるために，自分は，普段から何を行う必要がありますか．これがわかっていないと，自分自身が，品質目標の達成に貢献できないという状況になりかねません．

(3) 普段からの認識と実行

　ここまで説明してきたことは，普段から認識しておいて，しかも必要な場面では，実行しなければなりません．たとえば，新たな物事に取り組む際には，品質方針が機軸となります．つまり品質方針や品質目標に対する認識の程度が，実践や達成の可能性を大きく左右します．

(4) 進捗と結果

　また品質目標については，自分自身でも進捗状況を掌握し，所期の成果を出せるようにしましょう．

8.5 報告・連絡・相談

<ホウ・レン・ソウが基本>

組織の活動に，人と人との交流は欠かせません．何かを行うとき，何かが起こったときは，報告・連絡・相談，つまり"ホウ・レン・ソウ"が基本です．

第8章 普段から自分が気を付けること

(1) マネジメントは人と人とのつながり

組織の活動は"すべて機械が取り仕切って,各人は機械の指令に従って業務を行う"のではなく,人と人とのつながりの中で運用しています.そのためには,指示や伝達をも含めた情報交流が不可欠です.

(2) 情報交流に"ホウ・レン・ソウ"

組織として活動を行うときに,ルールに基づいて,上司や関係者に報告・連絡・相談することは,基本です.内部コミュニケーションを構築・改善するときに,この"ホウ・レン・ソウ"を要素に加えておくとよいでしょう.

(3) 情報の暗闇にお住まいの方へ

一人が勝手に走ったり,スタンドプレーをしてしまうと,もはや組織ではありません.

マネジメントの立場として,日々の状況が見えなかったり,何の相談事も入らなければ,手の打ちようがありません.どんな場面でどんな報告を入れたり伝達するのか,特に新たなことに取り組んだり,困難点に遭遇した場合には,相談・検討は大切です.これらは単にルールを設定するだけでなく,習慣として根づかせることが必要です.そのために,根気よく気づかせて認識させることが加わって,初めて成立します.これらもマネジメントの必須条件です.

8.6 成果が見えるように

＜活力を維持するために＞

人の動きは，気持ちや感情によって左右されます．
自己の目的を達成できるようにするには，"どうすれば自分のやる気を保てるか"の設定が大切です．

第8章　普段から自分が気を付けること

(1) 構築・維持・改善の推進力

品質マネジメントシステムを構築・維持・改善していくと，新しい事項に挑戦する場面があると思います．従来から行っている仕事を継続する際にも，水準を下げないようにするためには，エネルギーを費やすのではないかと思います．

物事に挑戦する，確実に維持する．これらに熱意をもって取り組むためには，その熱意を持続できるようにするための推進力の設定が不可欠です．

(2) 頑張った成果が見えないとやる気が持続しない

私たちは，努力するからには，普通は"成功したい"と思うのではないでしょうか．しかし努力の結果である"頑張った成果が見えない"と，私たちは，どうしても"やる気が持続しない"状態になるのではないでしょうか．

(3) やる気の高揚

いまチャレンジしている事項には，成果がどうなっているかを見えるようにするための方法を，設定してありますか．

各人に"やる気を出させる""その気にさせる"ことも，いわば"マネジメントの重要な役割"です．マネジメントの立場からも，人の心の動きを捉えて対応するようにしていきましょう．

8.7 このルールは本当に適切か

＜有意義な内容になっているか＞

ルールを設けた当初は適切な内容でも，時とともに時代遅れになることもあります．意義のないことを強制されると，やる気はどんどん低下します．

第8章　普段から自分が気を付けること

(1) 意味のあるルールになっているか
　私たちのまわりには，数多くのルールがあります．しかし，あまり意味のないルールもあるかもしれません．左の図のような症状があれば，要注意です．

(2) 硬直したルールになっていないか
　硬直した，堅苦しいルールになっているケースもあります．やろうと思っても，力が入らないルールもあります．

(3) 虚しくないか
　"やっていて虚しくないか"．このキーワードが，見直しの必要なルールを発見するための秘訣の一つです．虚しいルールは，内部監査で見つけたり，部門内で見いだして，改善していきたいところです．

(4) 頑張らない
　もう一つのキーワードは，"頑張らない"．特定目的で組んでいるプロジェクトに必死になる．それはそうでしょう．やりがいもあります．しかし，日々の業務で，"虚しく，意味のないことに，頑張らなければならない"という状態は，もしかすると，どこかにおかしいところがあるのかもしれません．気持ちが空回りしている事項．それは，意味のあるルールかどうかを，もう一度考えてみてください．

8.8 工夫する

<ステップアップ>

人間に成長があるように，品質マネジメントシステムにも成長があります．その引き金は，工夫にあり，ステップアップにつながります．

第8章　普段から自分が気を付けること

(1) 工夫する
　ISO 9001 の特徴的な要求事項の一つに"改善"があります．つまり"工夫"です．改善についても，"普段から自分が気を付けること"の一角に加えてみてください．

(2) 気づきが仕事を変える
　工夫のきっかけに気づくことが，自分の仕事と組織を変える原動力です．人に聞いてみたり，データを取って自分なりに考えてみるのもよいことです．

(3) 試してみる
　工夫の内容は，まず試してみてください．もしかするとスタート段階は，思い付きかもしれません．しかしそれをもとに検討していくことで，さらに良いアイデアが浮かんでくるかもしれません．

(4) ステップアップ
　工夫して試してみて，それが良い内容ならば採用です．正式に，品質マネジメントシステムに組み込みましょう．ステップアップを続けましょう．
　自分も成長し，組織も成長していくうちに，組織内の体制やシステムも，さらに良いものに育っていくことでしょう．ホップ・ステップ・ジャンプ！この際，いろいろとやってみましょう．

8.9 とことん考えてみる

＜自分たちの歩んできた道を振り返る＞

普段は，日常業務に追われて忙しいですが，一度立ち止まって，振り返ってみましょう．いつの間にか，ずいぶん成長を遂げていることに気づきます．

第8章　普段から自分が気を付けること

(1)　レビューが推進役
　これを機に，自分たちの歩んできた道を振り返ってみましょう．うまくいったことが，見えてきます．計画段階や実施段階で"ここまで考えておけばよかった"といったことも思い浮かんできます．こうしたレビューを活用すると，システムの維持と改善の推進役として，大きな力を発揮します．

(2)　成果の社内発表
　うまくいった話は，できれば"成果の社内発表"などの場を設けて，みんなで共有化したいものです．そして，全員で盛り立てていきましょう．

(3)　他社との接触
　ほかの会社の人たちと話していると，いろいろ参考になり，ヒントをもらえたりします．自社の自慢話も，少しくらいは，してもよいと思います．

(4)　雑誌・講演・ウェブサイト
　雑誌に書いたり講演で話したり，ウェブサイトで発表する．自分たちの歩んできた道を振り返って"あー，やってきてよかった"と思えて，それを発表できる場面があると，元気が出て，新たな工夫のアイデアが湧いてくる．これも品質マネジメントシステムでの改善の推進力です．

8.10 原点は"ビジネス"と"組織の成長"

< ISO 9001 を活用する>

いよいよ最後のページです．ここまでいろいろお話してきましたが，ここで，それらの主要事項を，おさらいしてみましょう．

第 8 章　普段から自分が気を付けること

(1)　ISO 9001 は"マネジメントシステム"の規格

ISO 9001は,品質を扱う"マネジメントシステム"の規格です.

組織は,人が動かすもの.自分で理解・納得できるものであってほしいこと,協調が大切であること,情報の伝達があって判断や指示が可能となることは,何度も,繰り返して述べてきました.もちろんそれを支えるものは,体制であり,ルールであり,技術であり,人であったりします.

(2)　原点はビジネス

ISO 9001の原点は,ビジネスです.ISO 9001は,お客様に安心と信頼を提供するためのツールであり,商売に結び付いて,初めて活きてきます.もしも,これまで"認証の継続・維持のため"という認識であれば,これを機に,発想を全面的に切り替えましょう.

(3)　組織の成長

企業が生き残り,さらに成長していくためには,ISO 9001を,日々の活動の中に,うまく採り入れることが重要なポイントになることでしょう.本書で理解したことを活かし,ISO 9001を,ツールとして積極的に使いこなし,いつも活気のある職場づくりを,ぜひとも目指していきましょう.

あとがき

　本書は"すでに ISO 9001 を導入している組織の従業員に，ISO 9001 をもっと身近なものとして感じてもらう"ことを意図しています．そして"現有システムを，本当に意義のあるものにしたい"と考える方々を，常に念頭に置いて記しました．

　かつて品質マネジメントシステムは，よそゆきの"着飾った"ものをよく見かけましたが，いまではずいぶん減りました．ISO 9001 は，普段の仕事そのものであり，"普段着"の世界です．無理がなく，動きやすく，暑さ寒さに対応でき，用途に見合った，しかし自分の個性が引き立つ実用的なものとして，ISO 9001 を使いこなす動きが広まってきたことは，非常に喜ばしいことだと思います．

　ISO 9001 のポイントの一つに"継続と工夫"があります．どちらも，意外とエネルギーを要します．人に行動を起こしてもらうためには，組織の各人に"その気"になってもらう必要があります．これはマネジメントの基本要素の一つであり，心理学にも一脈通じるものがあります．

　筆者は"ISO 9001 は，噛めば噛むほど味が出る，本当に良い規格"だと思っています．しかし，規格そのものに人格があるわけではありませんから，そこに魂を入れるのは，それを活用する人たちです．

ISO 9001 は，日本の優れた品質への取組みを，世界中で享受できるようにするために開発したと言われています．しかし，要求事項という形態は，どうしても感覚的に捉えにくく，敬遠しがちです．そこで本書では，規格の要求事項の詳細はほとんど扱っていません．それに代えて，ISO 9001 の意図・意義・活用方法を中心に記しました．

　本書が，ISO 9001 に基づく品質マネジメントシステムに本気で取り組んで，積極的に活用しようとされている組織にとって，推進力の一助となるような，いわば"応援団"となれれば幸いです．

　ISO 9001 の 2015 年版の発行を機に，初の改訂に取り組みました．以前から本書で記していたことの多くが，規格で取り上げられていたことは，望外の喜びでした．また，今回の改訂を通じて，さらに読みやすくなったと思います．

　本書を含む『活き活きシリーズ』は，日本規格協会の横山さんの強い勧めが発端でした．また今回の改訂では，出版部門の山田さんが，読みやすくするために骨を折ってくださいました．この場を通じて，お二人に，あらためて感謝申し上げます．

国府　保周（こくぶ　やすちか）

1956 年	三重県生まれ
1980 年	三重大学工学部資源化学科卒業 荏原インフィルコ株式会社（現 荏原製作所）入社 環境装置プラントを担当
1987 年	株式会社エーペックス・インターナショナル入社．エーペックス・カナダ副社長，A-PEX NEWS 編集長，品質保証課長，第三業務部長を歴任．またユーエル日本との合併後は，マネジメントシステム審査部長代理を務める．
2004 年	株式会社日本 ISO 評価センター　常務取締役
現　在	研修講師，審査員，コンサルタントとして活躍中 （JRCA 登録主任審査員，CEAR 登録審査員補）
主要著書	"活き活き ISO 内部監査—工夫を導き出すシステムのけん引役"（日本規格協会） "ISO 9001/ISO 14001 内部監査のチェックポイント 200—有効で本質的なマネジメントシステムへの改善"（日本規格協会） "ISO 9001:2015 規格改訂のポイントと移行ガイド"（日本規格協会） "2015 年版対応　活き活き ISO 14001—本気で取り組む環境活動"（日本規格協会）

イラスト　飯塚　展弘（いいづか　のぶひろ）

2015 年版対応　活き活き ISO 9001
―日常業務から見た有効活用―

定価：本体 1,400 円（税別）

2003 年 6 月 12 日	第 1 版第 1 刷発行
2016 年 7 月 20 日	改訂版第 1 刷発行

著　者　　国府　保周

発行者　　揖斐　敏夫

発行所　　一般財団法人　日本規格協会
　　　　　〒 108-0073　東京都港区三田 3 丁目 13-12　三田 MT ビル
　　　　　　　　　　　http://www.jsa.or.jp/
　　　　　　　　　　　振替　00160-2-195146

印刷所　　株式会社平文社
製　作　　有限会社カイ編集舎

© Yasuchika Kokubu, 2016　　　　　　　　　　　　　Printed in Japan
ISBN978-4-542-30664-6

● 当会発行図書，海外規格のお求めは，下記をご利用ください．
　販売サービスチーム：(03)4231-8550
　書店販売：(03)4231-8553　注文 FAX：(03)4231-8665
　JSA Web Store：http://www.webstore.jsa.or.jp/

図書のご案内

[2015 年版対応]
活き活き ISO 14001
—本音で取り組む環境活動

国府 保周 著

環境にいいってどういうこと？
環境活動と仕事の両立って…自分にできるの？
——だから ISO 14001,だから『活き活き』

▽▲▽ 目 次 ▽▲▽

第 1 章　地球環境に対して,いま私たちができること
　　　　◇他人事でない環境問題,あなたにできること◇
第 2 章　何をテーマとして取り組むか
　　　　◇システムの成否を決める環境のテーマ◇
第 3 章　ISO 14001 規格のエッセンス
　　　　◇ISO 14001 の基本線を押さえる◇
第 4 章　組織としての取組み（運用管理の秘訣）
　　　　◇システムをうまく使うと組織が元気になる◇
第 5 章　ISO 14001 の中で自分が行うべきこと
　　　　◇全員参加の中で自分自身が行うこと◇
第 6 章　自分が推進役になったら
　　　　◇為せば成る為さねば成らぬ何事も◇
第 7 章　まわりの人たちは私たちをどう見ているか
　　　　◇地球あっての私たち,地域あっての自分たち◇
第 8 章　ISO 14001 と認証の限界
　　　　◇環境への貢献を考える◇

新書判　192 ページ　定価：本体 1,400 円（税別）
ISBN978-4-542-30665-3

日本規格協会　http://www.webstore.jsa.or.jp/

図書のご案内

活き活き ISO 内部監査
―工夫を導き出すシステムのけん引役

　　国府　保周　著

マネジメントシステムを運用している皆さん！
内部監査は工夫の原動力になっていますか？
　　――だから ISO 内部監査，だから『活き活き』

　　　　　　　▽▲▽ 目　次 ▽▲▽
第 1 章　ISO 内部監査の実態はいかに？
　　　　　◇意味のある，組織に役立つ活動になっているか◇
第 2 章　ISO 内部監査の成長と変遷
　　　　　◇マネジメントシステムも内部監査も成長する◇
第 3 章　監査に関する規格 "ISO 19011" のポイント
　　　　　◇ISO 19011 の基本線を押さえる◇
第 4 章　ISO 内部監査に臨む姿勢
　　　　　◇PDCA で作戦を立てる◇
第 5 章　個々の場面で何を見るか
　　　　　◇普段とは違う ISO 内部監査の見どころ◇
第 6 章　こんな秘策もあり！
　　　　　◇マンネリ化を打破して新しい息吹をもたらす◇
第 7 章　ISO 内部監査の成果を活用する
　　　　　◇活かす術で監査の方法を変える◇
第 8 章　ISO 内部監査を工夫する
　　　　　◇題材はゴロゴロ，工夫してさらに前進！◇

新書判　　184 ページ　　定価：本体 1,300 円（税別）
　　　　ISBN978-4-542-30626-7

日本規格協会　http://www.webstore.jsa.or.jp/

図書のご案内

ISO 9001:2015
規格改訂のポイントと移行ガイド

国府 保周 著

2015年版の規格が言わんとしていること,
それは——"何が必要かは組織で考えてもらう"
問われているのは"組織の考える力"
いま,マネジメントシステムを根幹から考え直す

▽▲▽目 次▽▲▽

第1章 2015年版の特徴的な事項
1.1 2015年版の概要／1.2 2015年版の構造面の特色／1.3 2015年版の内容面の特色／1.4 ISO/FDIS 9001とISO 9001:2008との関連性

第2章 規格の各箇条の理解と移行における観点
序文／1 適用範囲／2 引用規格／3 用語及び定義／4 組織の状況／5 リーダーシップ／6 計画／7 支援／8 運用／9 パフォーマンス評価／10 改善

第3章 2015年版への移行ガイド
3.1 品質マネジメントシステムの内容／3.2 品質マニュアルの対応／3.3 新規格での運用にあたって

第4章 参考資料他
4.1 リスクと機会に関する要求事項／4.2 文書化した情報の維持・保持に関する要求事項／4.3 パフォーマンスに関する要求事項

A5判　156ページ　定価：本体 2,400 円（税別）
ISBN978-4-542-30662-2

日本規格協会 http://www.webstore.jsa.or.jp/

図書のご案内

ISO 9001/14001
内部監査のチェックポイント 200
―有効で本質的なマネジメントシステムへの改善

　国府　保周　著

マニュアルからは拾い出せない，
　　　　"組織として考えてほしいこと"
　　　　"抜け落ちやすいこと"
　　　　を中心に抽出したチェックポイント集！

▽▲▽目　次▽▲▽

第1章　内部監査の改善はマネジメントシステム改善への道
　1.1 内部監査はなぜ充実しないのか／1.2 有効な品質・環境マネジメントシステムとは／1.3 内部監査の進め方を工夫する　ほか

第2章　具体的なチェックポイント―1　各種業務部門
　2.1 製品企画・営業・受注・販売部門／2.2 設計・開発・基礎研究部門／2.3 購買・調達&原材料・資材保管部門　ほか

第3章　具体的なチェックポイント―2　すべての部門に対する共通事項
　3.1 品質・環境方針と品質目標・環境目的・目標の展開／3.2 日常の環境活動／3.3 要員育成と要員確保　ほか

第4章　具体的なチェックポイント―3　経営層と推進役の特定活動
　4.1 組織形態と責任・権限／4.2 著しい環境側面の決定／4.3 内部監査　ほか

第5章　内部監査の改善と有効活用に向けて
　5.1 内部監査結果の分析と活用／5.2 内部監査員の成長を促す／5.3 内部監査の継続的改善

A5判　356ページ　定価：本体 2,900 円（税別）
ISBN978-4-542-30638-7

日本規格協会　http://www.webstore.jsa.or.jp/

リスクマネジメント関連図書

対訳 ISO 31000:2009
（JIS Q 31000:2010）
リスクマネジメントの
国際規格［ポケット版］

日本規格協会 編
新書判・184 ページ
定価：本体 2,800 円（税別）

ISO 31000:2009
リスクマネジメント
解説と適用ガイド

リスクマネジメント規格活用検討会 編著
編集委員長 野口和彦
A5 判・148 ページ
定価：本体 2,000 円（税別）

リスクマネジメントの
実践ガイド
ISO 31000 の組織経営への
取り込み

三菱総合研究所
実践的リスクマネジメント研究会 編著
A5 判・160 ページ
定価：本体 1,800 円（税別）

すぐわかる
プロジェクトマネジメント

ISO/PC 236 国内対応委員会委員長
関 哲朗 編
新書判・136 ページ
定価：本体 1,000 円（税別）

ISO 22301:2012
事業継続
マネジメントシステム
要求事項の解説

中島一郎 編著
岡部紳一，渡辺研司，櫻井三穂子 著
A5 判・184 ページ
定価：本体 3,200 円（税別）

事業継続マネジメントの
実践ガイド
事業継続に関する規格を
使いこなすために

事業継続推進研究会 編著
編集委員長 中島一郎
A5 判・184 ページ
定価：本体 1,800 円（税別）

危機管理対策必携
事業継続マネジメント
（BCM）構築の実際

インターリスク総研 小林 誠 監修
A5 判・288 ページ
定価：本体 2,800 円（税別）

やさしいシリーズ 21
BCM
（事業継続マネジメント）
入門

小林 誠・渡辺研司 共著
A5 判・116 ページ
定価：本体 900 円（税別）

日本規格協会　http://www.webstore.jsa.or.jp/